CINQUIÈME
EXPOSITION PUBLIQUE
DES
PRODUITS DES ARTS
du Département du Calvados.

SÉANCE PUBLIQUE

Tenue par la Société royale d'Agriculture et de Commerce de Caen, le Mardi 29 Avril 1834, pour la distribution des Prix d'encouragement.

Ut vigeant artes, varioque scientia cultu,
Ut sit honos Musis, atria nostra patent.

A CAEN,
De l'Imprimerie de A. LE ROY, Imprimeur-Libraire.

1834.

PROGRAMME

DE LA 5.ᵉ EXPOSITION PUBLIQUE

DES PRODUITS DES ARTS

DU CALVADOS EN 1834.

Une Exposition générale des produits de l'industrie française aura lieu en 1834 dans la capitale du royaume. La Société d'agriculture de Caen a saisi avec empressement cette circonstance pour en provoquer une qui sera particulière au Calvados. Les quatre précédentes Expositions du Département, dont les résultats ont été si avantageux par l'émulation qu'elles ont excitée, font espérer que la cinquième ne sera pas moins intéressante. C'est dans ces Expositions, que la Société s'était vue forcée d'ajourner depuis près de quinze ans, quoiqu'elle eût l'intention de les renouveler périodiquement, que l'on peut constater les progrès de l'industrie, et mettre le public à portée de connaître combien de produits, d'abord imparfaits, ont acquis avec le temps d'importans perfectionnemens. Le concours presque simultané de l'Exposition de Paris et de celle de Caen, loin d'être préjudiciable à nos fabricans, doit être pour eux un double motif d'encouragement, puisqu'ils pourront obtenir une double récompense de leurs travaux. La Société désire qu'ils soient bien convaincus que tout ce qui est utile sera encouragé ; elle accueillera les produits des différens genres d'industrie, ceux que le luxe procure à l'opulence, ceux qui sont d'un usage ordinaire, mais qui auront acquis quelque perfectionnement dans la forme ou dans la fabrication, enfin ceux qui, par leur prix modéré et leur bonne confection, se trouvent à la portée de toutes les fortunes. En conséquence, la Société fait un appel aux agriculteurs, horticulteurs, fabricans et artistes, en les assurant que tous les objets qu'ils confieront seront reçus avec reconnaissance.

La Société a pris la délibération suivante :

Art. 1.er Il y aura, en 1834, dans la ville de Caen, à l'époque de la foire, une exposition publique des produits de l'industrie et des arts du Département.

Art. 2. Cette Exposition aura lieu à l'Hôtel-de-Ville. Elle commencera le 13 Avril, et durera douze jours.

Art. 3. Tous les agriculteurs, horticulteurs, fabricans et artistes sont invités à y déposer les objets provenant de leur culture, de leur industrie et de leurs talens.

Art. 4. Ils les feront parvenir, avant le 20 Mars prochain, à M. Lair, secrétaire de la Société, avec une note indiquant leurs noms, leur demeure, la nature des matières premières par eux employées, et le prix de chaque objet. Les agriculteurs et les horticulteurs sont invités à donner des détails sur la nature du sol, et sur la méthode qu'ils auront suivie dans la culture des objets qu'ils présenteront.

Art. 5. La Société tiendra une séance publique, dans laquelle des médailles seront distribuées aux agriculteurs, horticulteurs et fabricans qui auront été particulièrement distingués.

HÉBERT, *Président*. P. A. LAIR, *Secrétaire*

Caen, le 26 Novembre 1833

A Monsieur le Président de la Société d'Agriculture et de Commerce de Caen.

Monsieur le Président,

J'ai l'honneur de vous renvoyer, revêtu de mon approbation, le programme de l'Exposition des produits des arts du Calvados, que votre Société a provoquée, et qui aura lieu, sous ses auspices et par ses soins, le 13 Avril prochain. La Société doit être convaincue que l'Administration secondera de tous ses moyens cette œuvre toute patriotique, dont les résultats ne peuvent être que très-avantageux aux progrès de l'industrie et de l'agriculture de ce beau département.

Recevez, Monsieur le Président, l'assurance de ma considération très-distinguée.

Pour M. le Préfet, absent par congé :
Le Conseiller de Préfecture, LE GRIP.

Le Maire de la ville de Caen, membre de la Société royale d'Agriculture et de Commerce de la même ville, rappelle à ses concitoyens que l'Exposition publique des produits des arts du Département doit commencer le Dimanche 13 Avril et finir le Dimanche 27 du même mois. Les Fabricans et les Artistes sont invités à faire parvenir, avant le 25 Mars, chez M. P.-A. Lair, secrétaire de la Société, les objets qu'ils se proposent de mettre à l'Exposition. Ils seront reçus depuis dix heures du matin jusqu'à midi. Cette Exposition aura lieu à l'Hôtel-de-Ville, et le public y sera admis tous les jours, depuis midi jusqu'à cinq heures du soir. La Société tiendra une séance publique le Dimanche 27 Avril pour la distribution des prix d'encouragement.

A l'Hôtel-de-Ville, le 14 Mars 1834. *Signé* A. DONNET.

PROGRAMME
DE LA SÉANCE PUBLIQUE

POUR

LA DISTRIBUTION DES MÉDAILLES.

Discours d'ouverture par M. *Hébert*, Président de la Société.

Rapport de M. *de Magneville*, au nom de la Commission d'agriculture.

Rapport de M. *Joyau*, au nom de la Commission de commerce.

Rapport de M. *Pattu*, au nom de la Commission des arts.

Discours de M. *Donnet*, Maire de la ville de Caen.

Discours de M. *Target*, Préfet du Calvados.

Noms des personnes auxquelles la Société a décerné des médailles.

Annonce par M. le Président d'une 6.ᵉ Exposition pour 1839.

Exécution par les Membres de la Société philharmonique du Calvados, des ouvertures de *la Muette de Portici* et de *Fra-Diavolo*, de M. *Auber*, né à Caen.

Chant de deux chœurs de *la Muette de Portici* par les élèves de l'école fondée par cette Société.

Noms par ordre alphabétique des personnes qui ont présenté des objets à l'Exposition, avec l'indication du numéro du catalogue où ces objets sont mentionnés.

Inscriptions placées dans la grande galerie de l'Exposition, dans la salle des *Illustres* et dans celle des *Monumens*.

Délibération de la Société, relative à MM. *Target*, *Donnet* et P. *A. Lair*.

SÉANCE PUBLIQUE

POUR

LA DISTRIBUTION DES MÉDAILLES,

À la 5.e Exposition du Calvados.

DISCOURS D'OUVERTURE,

Prononcé par M. Hébert *, Président de la Société.*

Messieurs ;

La Société royale d'Agriculture et de Commerce de Caen, secondée par la protection bienveillante des Administrations et par la persévérance de son sécrétaire, a pu vous offrir le spectacle des progrès industriels qui doivent accroître le bien-être de ses concitoyens, en écartant par la connaissance de nos ressources, des concurrences toujours nuisibles aux industries locales.

Nous n'essaierons pas de faire connaître les causes de l'essor et des immenses progrès de l'industrie française ; on doit cependant en faire honneur en partie aux expositions publiques , là où se réunissent des fabricans avec les produits de leurs manufactures ; ils ne peuvent tirer que de grands avantages de leur rapprochement : là on sent la nécessité de conserver la tradition des découvertes utiles pour mettre sur la voie du perfectionnement ; et si le génie créateur cache les procédés qu'il invente , au moins , en voyant les objets qu'il a créés et en les comparant avec d'autres produits , une imitation plus ou moins perfectionnée vient d'abord multiplier cette découverte et fournir l'inappréciable moyen d'améliorer divers genres d'industrie.

Et n'est-ce pas encore un précieux avantage pour l'homme vraiment industrieux , de pouvoir faire connaître son talent et ses inventions ? Une journée d'exposition , le jugement d'un jury devance quelquefois pour lui une réputation qu'il n'aurait acquise qu'après plusieurs années de travail.

Par les expositions publiques les nouvelles inventions étendent leur renommée , les anciennes consolident la leur , toutes se font connaître et attirent sur elles l'attention du consommateur.

Le Français , Messieurs , est le premier des peuples qui , dans sa capitale , a décerné des récompenses publiques aux manufacturiers de la France ; et le Calvados fut le premier des départemens qui imita l'exemple des expositions publiques , dont l'influence a été si grande sur son industrie.

L'époque ne peut donc être éloignée , où nous cesserons

de croire que notre patrie ne peut suffire à notre luxe ,
à nos besoins ; et le temps viendra , je n'en puis douter ,
où nous ne laisserons pas nos concitoyens gémir dans l'indigence , pour alimenter par fantaisie une industrie étran-
gère ; dès aujourd'hui le tableau des richesses procurées
chaque année à notre pays natal , doit être pour nous un
doux objet de satisfaction.

RAPPORT

Fait au nom de la Commission d'Agriculture (*).

Messieurs ,

L'agriculture ne peut , comme l'industrie manufacturière
et les arts , exposer la plupart de ses produits dans un
local toujours trop circonscrit pour elle. Les champs et les
fermes sont les véritables lieux d'exposition pour l'industrie
agricole ; c'est là seulement qu'on peut juger de ses progrès , pour décerner ensuite les honneurs et les encouragemens aux cultivateurs qui s'en sont montré les plus
dignes par leurs efforts et leurs succès. Ne soyons donc
pas étonnés de voir l'industrie agricole occuper un rang
si secondaire à cette Exposition. La Société recherche
avec un soin tout particulier quel serait le meilleur mode

______

(*) Commissaires : MM. *de Magneville* , président et rapporteur ;
Stignard , *Montaigu* et *Bonpain.*

de concours à établir pour l'agriculture ; c'est alors qu'on pourrait juger de ses progrès dans notre pays.

Charrues. — Quatre charrues ont été mises à l'Exposition. La première est la charrue *Guillaume ;* la Société en a fait faire sous ses yeux l'essai comparatif avec celle du pays , et cette dernière lui a été préférée. La charrue *Dombasle ,* sans avant-train , a été soumise à la même épreuve , et la Société a reconnu qu'elle ne pouvait convenir à tous les sols du département , et notamment à celui sur lequel elle a été essayée. La Société a fait faire à Evreux une charrue *Grangé.* Elle n'a été encore soumise à aucune épreuve ; ainsi nous ne pouvons en porter aucun jugement. Nous nous bornerons à dire qu'elle nous a paru pécher dans son exécution et manquer de proportion dans quelques-unes de ses parties. MM. le Brethon frères , charpentiers , ont eu l'heureuse idée d'appliquer à la charrue des environs de Caen le système de M. *Grangé.* Le public a eu sous ses yeux cette nouvelle charrue ; mais des essais comparatifs pourront seuls fixer l'opinion de la Société sur le mérite de ces deux charrues. Toutefois la Société doit des félicitations à MM. le Brethon pour le zèle et l'empressement qu'ils ont mis à exécuter leur charrue , qui est parfaitement établie , et elle fait connaître le talent de ces habiles ouvriers.

Huile de colza. — La fabrication de l'huile de colza a rendu de si grands services à l'agriculture du département , qu'à ce titre seul elle devrait figurer , d'une manière distinguée , dans les annales de l'industrie du Calvados. Les usines se sont multipliées ; la culture du colza s'est étendue ; et les cultivateurs trouvent un débouché facile pour cette denrée , qui est pour eux une ressource précieuse , surtout

dans les années où le blé est à bas prix , et où la vente
des chevaux est mauvaise : honneur donc à celui qui a
doté notre pays de cette industrie. Honneur à la famille
le Cavelier qui , la première , lui a donné l'essor et qui
l'a toujours soutenue. Elle a bien mérité de l'agriculture.
On récolte dans le département environ 220,000 hecto-
litres de graine de colza , ce qui suppose le produit de
11,600 hectares de toutes qualités de terre susceptibles
d'être mises en cette culture. Le tourteau , que les cultivateurs achètent des fabricans d'huile , leur procure le
supplément d'engrais que nécessite la culture du colza.
Les pieds et les tiges de cette plante servent de combustible dans la plaine , où le bois est rare et cher , ou sont
converties en fumier ; ainsi tous les produits du colza
tournent au bénéfice de l'agriculture. Quarante usines sont
en activité dans le département et fournissent chaque année plus de 56,000 bariques d'huile , contenant chacune
100 kilogrammes. Sur ce nombre , 37 sont mues par
l'eau , et 3 par des machines à vapeur. Les premières sont
situées sur plusieurs des rivières qui arrosent le département.
Les eaux de la plupart d'entre elles baissent considérablement vers la fin de l'été. Le travail des moulins diminue
en proportion , et cesse même quelquefois pendant quelque
temps. Les trois dernières sont situées à Caen , ou à peu
de distance de cette ville. La plus ancienne est celle de
M. Faucamberge , qui l'a établie près du faubourg de la
Maladrerie. Il l'avait destinée d'abord à moudre des blés ;
mais , ne pouvant vaincre les usages et les préjugés du pays,
il abandonna ce genre d'industrie et il y substitua une fabrique d'huile. Ce bon exemple fut suivi par M. Larue-Elie,
qui fit l'acquisition de la machine à vapeur de la filature

de coton des Ursulines, et il établit une huilerie à Mondeville, à laquelle il a joint une fabrique de noir animal. La troisième usine est celle que vient d'établir M.
Tillard dans le centre de la ville, près du port. Cet estimable fabricant n'a rien négligé pour la rendre la plus
parfaite possible. Plus de la moitié de l'huile est épurée
avant son exportation. Il y a six établissemens où on s'occupe uniquement de son épuration ; tous sont situés dans
la ville de Caen. Quelques fabricans épurent seulement
leurs huiles. Cinq fabricans d'huile et trois épurateurs ont
exposé des échantillons de leurs produits. Les premiers
sont MM. Danjou, Tillard, Pierre le Cavelier, Marc Elie
et Levard ; les seconds sont MM. Eudes, Nicolas le
Cavelier et Frédéric le Cavelier. L'huile des fabriques du
Calvados jouit dans le commerce d'une préférence méritée ;
mais il eût été impossible à votre Commission de faire une
distinction dans la qualité des huiles de chacun de ces fabricans. C'est donc sur d'autres bases que vous devez poser
votre jugement. M. Levard a introduit la fabrication de
l'huile dans l'arrondissement de Vire. M. Marc-Elie a ap-
pliqué à son usine, située à Laize-la-Ville, des meules en
granit pour écraser ses graines. M. Pierre le Cavelier emploie aussi ces meules, et il soutient la réputation bien
méritée dont sa famille jouit depuis long-temps ; elle
obtint une médaille à l'exposition de 1806. M. Tillard a
établi dans la ville une magnifique usine, remarquable
par sa machine à vapeur qui la met en mouvement. Il
en sera question dans le rapport que va vous faire notre
collègue, M. Pattu. M. Danjou possède plusieurs usines ;
il fabrique une plus grande quantité d'huile, et il en épure
une partie. M. Eudes est celui de tous les épurateurs qui
épure le plus d'huile.

Pommes de terre , Chardons à foulon , Chanvre du Piémont. — M. de Vauquelain-d'Ailly , un des bons agriculteurs de ce département , a mis à l'Exposition de fort gros tubercules de la pomme de terre tardive ; et M. Montaigu , conservateur du jardin botanique de Caen , y a apporté des têtes de chardon à foulon , qu'il cultive avec succès dans l'établissement qui lui est confié. En cultivant cette plante , M. Montaigu a voulu faire connaître aux agriculteurs les bénéfices qu'ils en retireraient en le faisant entrer dans leurs assolemens. Les têtes de chardon qu'il a récoltées ont été trouvées de très-bonne qualité par les fabricans d'étoffe qui en ont fait usage. Nous devons à M. Montaigu l'introduction dans ce pays de la variété de pomme de terre tardive , qui est d'autant plus précieuse qu'elle est de très-longue garde. Elle ne commence à végéter que vers la fin de juillet , et même beaucoup plus tard , si on a serré ces tubercules dans un lieu très-sec , quelle que soit d'ailleurs la chaleur qui y règne.

M. Remi Lair a exposé du chanvre du Piémont, qu'il a récolté sur sa propriété. Cette variété gigantesque de chanvre est très-multipliée dans l'État dont elle porte le nom : l'exportation de sa graine y a même été prohibée. Des essais en grand de cette culture ne pourraient qu'être utiles.

Moutons , Laines. — M. le comte Héracle de Polignac a conservé une grande partie des nombreux troupeaux mérinos , que son père , M. le général comte de Polignac , avait mis tant de soin à former. Le nombre de ces animaux s'élève encore à 7,000. M. de Polignac continue à mettre chacun de ses troupeaux en pension chez des cultivateurs, pables de les bien nourrir et de les bien soigner.

Ce mode de placement aurait , ce nous semble , d'excellens résultats pour l'agriculture , s'il était adopté par les propriétaires de fermes assez étendues pour nourrir un troupeau de moutons ; ils auraient le produit de leurs bêtes à laine ; le prix de la pension serait en déduction des fermages du fermier qui , ayant à sa disposition le capital qu'il ne serait plus obligé de mettre en achats de moutons , toujours nécessaires dans une culture bien entendue , pourrait employer son argent à se procurer de plus beaux élèves, ou à tout autre emploi lucratif sur sa ferme. Il est une vérité incontestable , c'est que l'agriculture ne peut prospérer qu'autant que le cultivateur est dans l'aisance. M. le comte Héracle de Polignac a exposé , cette année , un cadre renfermant des échantillons de ses laines. Nous rappellerons ici que M. le général de Polignac a obtenu des médailles aux Expositions précédentes de Caen et de Paris , et des encouragemens du Gouvernement. Nous nous bornerons à énoncer ces faits , à déclarer que ses laines n'ont point diminué de qualité. On doit à M. le chevalier de Gomicourt l'introduction dans le département , des moutons anglais de la race à longue laine , dont il a exposé des échantillons.

Abeilles, Miel, Cire et Bougie. — L'éducation des abeilles est une branche d'industrie très-lucrative et très-répandue dans le département. Elle est d'autant plus précieuse que les habitans des campagnes , quelque peu fortunés qu'ils soient , peuvent se livrer à ce genre d'occupation : c'est une richesse du sol qui ne diminue en rien ses autres productions. Le miel récolté dans le canton d'Argences et dans un grand nombre de communes environnantes est d'une grande blancheur et d'une qualité parfaite et peut rivaliser avec les meilleurs miels connus.

Celui du Bocage, au contraire, est rouge et d'une qualité bien inférieure ; mais la cire qu'on y recueille est beaucoup meilleure que celle qu'on obtient dans le pays où le miel est de première qualité. La différence du prix est du 6 au 7.me M. David a bien voulu mettre à l'Exposition un flacon de ce beau miel. M. Le Comte-Ravenel a exposé des bougies de sa fabrique ; il y a joint des échantillons de cire brute et d'autres blanchis par lui. Sa bougie est d'une grande blancheur et nous a paru être de bonne qualité.

Vers à soie, Mûriers. — La Société d'agriculture doit des éloges et des encouragemens à M. Guérin, de Honfleur, pour le zèle qu'il met à introduire dans le département la culture du *mûrier multicaulis* et l'éducation du ver à soie. Déjà ses soins ont été couronnés du succès. Il a mis à l'Exposition des échantillons de la soie qu'il a récoltée et une paire de bas faite avec cette même soie. Plusieurs tentatives de ce genre avaient déjà eu lieu dans ce pays. M. Le maréchal de Harcourt avait fait planter beaucoup de mûriers blancs ; il avait aussi obtenu de la soie dont il avait fait fabriquer de l'étoffe. Il en avait un habit qu'il se plaisait à montrer aux personnes qui venaient le visiter. M. Daveine a présenté, il y a peu d'années, plusieurs écheveaux de la soie des vers qu'il avait nourris. Si ces premières tentatives n'ont eu aucuns résultats, il faut l'attribuer au défaut de persévérance ou au peu de succès des plantations de mûriers blancs ; mais le *mûrier multicaulis*, nouvellement introduit en France, paraît convenir mieux à la nourriture du ver à soie. Il prospère dans notre climat où on le multipliera sans doute ; et, grâce au zèle de M. Guérin, nous pouvons concevoir l'espérance de voir s'introduire une nouvelle branche d'industrie.

Horticulture. — Les fleurs dont MM. Le Comte-Richard, Manoury, Le Carpentier jeune, Dufour, Le Lièvre et Mme Quetel, marchands fleuristes, se sont plu à décorer cette enceinte, nous prouvent que le goût pour ce genre de culture n'a point cessé parmi nous. Les anémones, les renoncules, les œillets, les tulipes et la jonquille ont été autrefois l'objet d'un commerce important dans ce pays. La Chesnée-Montreul a publié, en 1634, son *Floriste Français* dans lequel il donne le catalogue de 452 variétés de tulipes cultivées à Caen. La culture des arbres et arbustes exotiques n'est pas moins ancienne dans ce pays. Dumoulin, dans son *Histoire générale de Normandie*, imprimée en 1631, parle des beaux arbres qu'il avait vus dans les jardins du feu maréchal de Fervaques. Les orangers, dit-il, se nourrissent dans des bariques, mais avec un soin qui surpasse le plaisir et le profit. L'abbé Petite, dans sa *Description particulière du diocèse de Bayeux*, publiée en 1675, parle du jardin des plantes curieuses de M. d'Osseville à Ver. Les amateurs d'horticulture sont nombreux de nos jours ; et parmi eux nous devons citer MM. Le Creps, Evrard, Frédéric Dubisson, Cabourg, Thierry et MM.^{lle} Boilles, qui ont bien voulu dégarnir leurs serres pour ajouter au coup-d'œil que présente l'Exposition.

Poterie de Noron. — Le territoire du Calvados renferme différentes argiles qu'on emploie sur plusieurs points de ce département à faire de la poterie commune, et notamment au Prédauge, près Lisieux ; à Lison, près Isigny, et à Noron près Bayeux. M. Aozane, marchand à Caen, a mis des vases de cette dernière à l'Exposition. La poterie

terie de Noron a pris ce nom de la commune où il s'en fabrique le plus anciennement et en plus grande quantité. On croit dans le pays que c'est aux fabriques établies d'abord dans cet endroit, qu'est due l'origine de ce village ; mais cette assertion n'est fondée sur aucunes preuves ; et l'abbé Petite, dans la *Description du diocèse de Bayeux*, qu'il a publiée en 1675, ne parle que de *la poterie, façon de porcelaine, du Prédauge*. Or, si à cette époque on eût fabriqué de la poterie à Noron, qui est à peu de distance de la ville où écrivait l'abbé Petite, il n'aurait pas négligé de la signaler.

Cette industrie s'est étendue dans les communes du Vernay et du Tronquay, voisines de Noron, et dans celle de Jurques, arrondissement de Vire.

L'argile qu'on emploie provient de la formation de grès rouge, ou de grès bigarré des géologues. Cette argile, éminemment plastique, prend, sous les mains de l'ouvrier, toutes les formes qu'il veut lui donner. Il fait des vases très-solides de la plus grande dimension.

Les principaux produits sont :

De grands pots de différentes formes pour les salaisons de beurre, de porc, et pour tout autre usage ;

Des terrines de toutes grandeurs ;

Des bouteilles à bière d'un et de deux litres, et d'autres bouteilles de plus grande capacité ;

Des cruches de toutes grandeurs ;

Des tuyaux pour la conduite des eaux, et beaucoup d'autres objets encore.

Cette poterie donne un produit annuel de 80 à 90,000 francs.

On emploie pour sa cuisson du fagot et du bois de

corde de la qualité la plus inférieure, qu'on tire des bois taillis des environs et de la forêt de Cérisy. Ainsi ces fours donnent de la valeur à du bois dont le prix de la vente couvrirait à peine les frais de transport à de plus grandes distances.

Le prix du combustible absorbe la moitié de la valeur de la poterie ; celui de l'argile y entre pour un vingtième : ainsi il reste au fabricant neuf vingtièmes pour sa main-d'œuvre, ses avances, les réparations de son four, et ses autres dépenses.

On compte 28 fours ; savoir :

A Noron.	12
Au Tronquay.	8
A Saint-Paul-du-Vernay.	6
A Jurques.	2

Chaque four appartient à une seule famille, et elle n'en a jamais davantage. Trois hommes suffisent au travail qu'il exige, et ils n'y sont employés qu'une partie de l'année. La famille a d'autres occupations : elle se livre aux travaux de la campagne, et ne fabrique de la poterie qu'en raison des demandes qui lui sont faites.

Il résulte de cette réunion de travaux divers, qu'il n'y a aucune perte de temps, ni encombrement de marchandises, ni non-valeurs et faux frais ; d'où il résulte que cette poterie est vendue au plus bas prix possible.

Mais si ces petites fabriques isolées et intermittentes présentent tous ces avantages, elles ont aussi l'inconvénient de ne rien perfectionner. L'argile ne reçoit, pour ainsi dire, aucun affinage. Le tour est une roue grossière tournant sur son axe aux pieds de l'ouvrier, qui la met en mouvement au moyen d'un gros bâton qu'il tient de ses deux mains. C'est sur cette roue qu'il pose son argile et qu'il la modèle : se tenant ployé très-bas et dans une position gênée, il ne peut employer toute son adresse à perfectionner son travail. La forme des fours est comme au temps passé : elle doit être vicieuse, et consomme trop de bois, puisque l'achat du combustible absorbe la moitié de la valeur de la poterie, et la met hors de proportion avec les produits qu'on obtient.

Raffinerie de sucre.—MM. Bonnaire et compagnie ont établi une raffinerie de sucre à Caen, faubourg de Vaucelles. Cette famille, qu'on trouve toujours aux premiers rangs des industriels de notre pays, l'a doté de cette nouvelle branche d'industrie. Elle s'est empressée de mettre à l'Exposition des produits de sa fabrique. Le sucre qu'elle fournit au commerce jouit d'une réputation justement méritée, tant par sa bonté que par sa blancheur. On fond par an dans cette raffinerie de quinze cents mille à deux millions de sucre brut. Tous les travaux s'y font avec un ordre et une régularité remarquables.

Comme aujourd'hui, en fait d'industrie, rien ne doit être perdu ou négligé, MM. Bonnaire ont joint à leur raffinerie un appareil pour distiller les eaux grasses qui étaient précédemment sans valeur. Ils en obtiennent une espèce de tafia de très-bonne qualité, pesant au premier jet de 75 à 80 degrés de la division centigrade. Cet appareil, perfectionné, pourrait s'appliquer à la distillation des cidres et des poirés, et on obtiendrait, par une seule opération, une eau-de-vie à un degré qu'il faudrait même affaiblir avant de la livrer au commerce.

Cette raffinerie, nouvellement établie à Caen, mérite à tous égards l'intérêt de la Société d'agriculture,

Noir animal. — M. Larue-Élie a mis à l'Exposition du noir animal qu'il fabrique dans son établissement , situé à Mondeville. Il obtient cette matière des os de la viande de boucherie , ou de ceux d'autres animaux morts ou abattus. Il calcine ces os dans des vases de terre fabriqués sur les lieux avec de l'argile apportée des forges ; on les place dans une espèce de grand fourneau revêtu dans l'intérieur de briques réfractaires. On n'y avait fait jusqu'ici que du noir fin , mais maintenant on y fait aussi le noir d'ivoire.

Tout le noir animal qui sort de la fabrique de M. Larue-Élie est retenu d'avance et employé par les raffineries de sucre de Caen et d'Honfleur , dans lesquelles ce produit est considéré comme étant de première qualité. La bonté du noir animal dépendant principalement du degré de calcination qu'on fait subir aux os , on conçoit que le degré convenable est plus facile à atteindre et qu'on y parvient plus constamment dans des vases de terre que dans des cylindres de fonte , dont on se sert dans d'autres établissemens du même genre , principalement dans ceux où on recueille des produits ammoniacaux.

Ce noir animal, après avoir servi aux raffineries de sucre, devient un engrais , que le temps et une plus longue expérience feront mieux apprécier, sur-tout lorsqu'on connaîtra les sols et les cultures auxquels il convient le mieux.

Votre Commission pense que l'établissement de M. Larue-Élie mérite d'autant plus votre intérêt qu'il ne peut qu'acquérir une plus grande importance , et qu'il procure du travail à un grand nombre de malheureux qui ramassent les os répandus çà et là dans les champs et les voiries.

RAPPORT

Fait au nom de la Commission du Commerce et de l'Industrie (1).

Messieurs ,

Quelques regrets viennent se mêler à la douce satisfaction que nous fait éprouver cette solennité de notre industrie. Malgré le zèle et les peines de M. le secrétaire , auquel je dois rendre ici un hommage aussi éclatant , s'il était possible , que constamment mérité, vos Commissions n'ont rencontré , pour quelques fabriques considérables , qu'un trop petit nombre de concurrens. Le motif de justification , et peut-être le voile d'un peu d'incurie , pour plusieurs personnes , a été pris dans le trop court intervalle écoulé entre l'annonce de l'Exposition et son ouverture. La délibération de votre dernière séance , par laquelle vous ajournez à cinq ans le prochain concours, ne permettra plus alors ce genre d'excuse. D'autres industriels ont préféré concourir sur un théâtre plus brillant. Mais quel obstacle les empêchait donc de rechercher aussi ces suffrages , si flatteurs pour les cœurs bien nés , que l'on peut recueillir au milieu de ses compatriotes ? D'autres encore ont cru devoir s'abstenir , parce qu'ils faisaient partie du jury pour l'admission des produits de l'indus-

Commissaires: MM. *Di'y* , président ; *Gervais* , *Auguste Jardin* , *Lecavelier* , *Roberge* , *Pattu* , et *Joyau* , rapporteur.

tuée à l'exposition nationale ; par cette délicatesse trop scrupuleuse , mais toujours respectable , vous avez été privés , Messieurs , de faire porter aussi vos jugemens sur les ouvrages de plusieurs de nos maisons les plus recommandables. Je citerai , comme exemple , celles de MM. Gervais , pour la filature ; Godefroy , pour la bonneterie ; Lahaye , pour les blondes ; et Auguste Jardin , pour les tissus.

Je viens , Messieurs , de parler de vos jugémens. Vos Commissions les ont préparés , M. le président va bientôt les proclamer ; mais , dans la réalité , nous n'avons pris nos opinions que d'après les avis des hommes les plus éclairés et les plus impartiaux dans chaque branche d'industrie : ainsi les véritables juges de ce concours, ce sont les pairs des concurrens.

A quelques exceptions près , dont je commencerai par vous rendre compte , les objets dont j'ai à vous entretenir ont rapport aux arts de la filature et du tissage des matières qui servent à vêtir les deux sexes et à embellir encore le plus aimable. Ce cadre , tout resserré qu'il semble être , renferme cependant nos plus importantes industries. Que de détails intéressans j'aurais à vous présenter sur leur position actuelle et sur les titres de nos principaux fabricans à la reconnaissance publique ! Mais je suis réduit à ne vous présenter , pour ainsi dire , qu'une rapide et sèche énumération de nos richesses industrielles , dans ce rapport qui , destiné seulement à motiver la distribution des prix que vous allez décerner , ne saurait comporter le développement d'un mémoire approfondi sur la matière.

D'ailleurs , Messieurs , appliquée à l'industrie , si mobile

de sa nature , la statistique est loin d'être une science
exacte. On peut , il est vrai , approcher de la précision
quand il s'agit de manufactures , telles que nos grandes
filatures de coton , où tout se meut , tout s'opère sous
un même toit , sous l'œil d'un même maître , et avec une
presque égale continuité d'action. Mais quand il s'agit de
fabriques disséminées dans les villes et dans les villages ,
que de mécomptes ! même quand on remonte aux sources
les plus intimes , comme votre Commission l'a fait toutes
les fois que cela lui a été possible.

Ainsi , connaissant le nombre des métiers en activité et
le temps moyen de la fabrication d'un objet , on croi-
rait avoir des élémens suffisans pour calculer raisonnablement la somme des produits : erreur ! erreur ! sur-tout
dans les lieux où les mœurs populaires sont le plus cor-
rompues. Les maladies , les apprentissages , le fatal lundi ,
jour de débauche pour tant d'ouvriers et de ruine pour les
familles ; la fainéantise et l'incurie de celui qui , pouvant
en deux jours nourrir ses enfans toute une semaine , de
toute une semaine ne travaillera que deux jours.... sur
tout cela , et peut-être sur dix bases semblables , osez
donc poser des chiffres ! Pour arriver à savoir quelque
chose d'exact , il faudrait être dans le secret des affaires
de tous et de chacun des fabricans , de tous et de chacun
des marchands qui achètent de l'ouvrier travaillant pour
son compte. Et ce secret , souvent impénétrable avec
raison , l'est d'ailleurs presque toujours par la crainte
que les supputations du fisc n'arrivent sur les calculs du
savant , qui ne cherche cependant qu'à s'instruire , afin
d'être plus utile à son pays. Mais citons un exemple ,
bien propre à faire voir jusqu'où peut aller l'erreur en ce

genre : une dame respectable qui dans nos murs fait vivre une foule d'ouvriers , qui ne leur refusa jamais de travail , et que vous nommerez tous , a bien voulu , tout récemment , comparer avec nous les résultats des données , fort exactes d'ailleurs , du calcul dont je vous ai parlé , avec ses rentrées réelles en magasin : devinez la différence en moins ; moitié ! souvent deux tiers (1) ! Fiez-vous donc aux merveilleux rapports des chiffres , hommes d'Etat , et sur de secs calculs , asseyez des impôts ; vous croirez avoir éparti raisonnablement une charge commune , vous aurez ruiné l'industrie , vous aurez éventré la poule aux œufs d'or.

Aussi , malgré mon profond respect pour nos grands docteurs ès-lois statistiques , je me surprends quelquefois à sourire lorsque , s'agissant de fabriques, ou de tant d'objets aussi peu appréciables, je les vois , à côté de l'opulent million , aligner avec une imperturbable assurance jusqu'à l'humble centime! Aussi , Messieurs , convaincu que , sur cette matière , les meilleurs calculs ne sont que de plus raisonnables approximations, nous ne vous présenterons que les résultats généraux de celles que nous ont fournies d'habiles commerçans qui savent , par expérience , tout ce qu'il y a souvent de charlatanerie , ou du moins de triste vanité dans l'infaillibilité prétendue des chiffres , quand on les applique à l'économie politique de l'industrie. Hâtons-nous d'arriver à ce qu'il nous est permis de mieux saisir et de juger , je veux dire aux progrès de notre industrie , à l'importance , à la bonté , à la beauté com-

---

(1) Et cela sur-tout dans la fabrication *des fins* où l'ouvrier est payé proportionnellement beaucoup plus cher. Faudrait-il en déduire cet axiome : plus l'ouvrier gagne , moins il travaille ?

parative de ses produits , étendus sous vos yeux , et soumis au jugement de tous , avant de l'avoir été au vôtre.

Honneur aux artisans dont les efforts tendent à nous affranchir du pesant tribut que l'élégance du luxe et les caprices de la mode contraignent les provinces de payer à la capitale ! Sous ce point de vue , nous devons des éloges , pour l'art de la chaussure et tout ce qui y a rapport , à MM. Berthelot , Letourneur , Jeanne , Coty , Hélouis , Dubreuil , Legrand et Devaux , tous de Caen. Pour un tout autre art , nous citerons M. Maignac , qui offre à nos dames un choix complet de légers et salutaires abris contre les diverses intempéries de l'air.

Déjà nos fabriques fournissent à toute la Basse-Normandie les papiers peints pour les habitations des classes moyennes et inférieures de la société. Par des efforts , qui justifient la médaille que vous lui décernâtes en 1819 , M. le Flaguais aîné a prouvé que nous pourrions également nous suffire à nous-mêmes pour les tentures plus riches qu'exige l'opulence.

La fabrication première des papiers de toute espèce a été représentée par MM. Perrault, de Lisieux, et Desétables, de Vire. Ce dernier sur-tout continue à mériter vos éloges par les soins qu'il a apportés à trouver dans les pailles , et dans d'autres objets sans valeur apparente , les matières premières dont l'insuffisance du chiffon réclame de plus en plus l'emploi. Ses papiers-paille , à l'abri des effets hygrométriques , sont recherchés avec raison par les naturalistes qui les emploient pour leurs herbiers.

Les animaux les plus utiles à l'homme sont aussi ceux qui , en cessant d'exister , lui laissent une plus utile dépouille. Partout l'art de la tannerie est un des plus indispensables pour la société. Nos fabriques en ce genre, répandues dans tout le département, ont leurs siéges principaux à Harcourt et à Saint-Pierre-sur-Dives. Mais elles n'ont rien exposé, excepté celles de MM. Tinard, Blondel, Noncher jeune et Noncher aîné, tous de Lisieux, qui ont donné au public des preuves de la bonté de notre *tannage*, le premier des mérites dans ce genre de fabrication.

Le feutrage est aussi d'un emploi universel ; mais la rareté des matières premières rendaient, en général, ses produits trop chers. Avoir introduit dans le département la fabrication des chapeaux de soie, avoir amené par-là une baisse considérable dans les prix, c'est avoir procuré un grand avantage aux consommateurs. Sous ce rapport, Messieurs, votre Commission a signalé à votre attention M. Reverdy, de Caen.

MM. Mélidor Moisson et Leconte-Paysant la méritent encore plus pour les services essentiels que leur industrie rend à nos agriculteurs. Ils ont fondé à Condé-sur-Noireau un établissement où les laines du pays, principalement, entrées en suint, ressortent en fils d'une grande perfection, et propres à être employés, sans autre préparation, par nos manufactures de draperies.

Les apprêts du lin et du chanvre, beaucoup plus difficiles, ne vous ont guère offert que des échantillons de lins peignés ou filés à la main, présentés par MM. Graindorge, Marie, Lefèvre, M.me veuve Coliny, et une autre dame anonyme de Caen : mais aussi ces échantillons laissent en général peu à désirer. M. Dulong, de Lisieux, a seul exposé des fils obtenus par le moyen des

machines. Il n'a pu encore se garantir de ce qu'on ap-
pelle *le bouton*, vice général, et qui jusqu'ici semble être
inhérent à la matière même qu'il s'agit de filer ainsi.
Puissent nos éloges exciter et aider ainsi M. Dulong à
surmonter enfin ce grave obstacle !

Nos filatures de coton sont beaucoup plus considérables. En 1833, 48 usines, employant 3,180 ouvriers, ont
filé 1,653,600 kilogrammes pesant de coton, valant
6,779,760 francs. La matière première ayant coûté
3,968,640 fr., il restait pour notre industrie 2,812,120 fr.
Presque tout ce fil a été blanchi, teint, ourdi et tissé
dans le département (1) par environ 10,600 autres ouvriers.

De ces établissemens, celui de M. Gervais, à Caen, que
vous avez pu admirer tous, est le plus considérable et
le plus parfait : on y file par semaine 3,000 kilogrammes
de coton dans des numéros les plus appropriés à nos fabrications. Par la perfection de ses machines, dont un
de nos collègues va vous entretenir, M. Gervais obtient
un fil *d'une égalité*, *d'une force et d'une bonté* parfaites.
Je vous ai dit le noble motif de son absence de votre
concours : mais au contraire nous n'avons, dans leur propre
intérêt, que des reproches à adresser à MM. les filateurs

(1) 1,450 balles seulement ont été importées directement à
Caen par la navigation au long-cours, tandis que 10,431 balles
provenaient du grand marché du Havre. Ce résultat est en très-
majeure partie occasionné par le malheureux état où reste la navigation de l'Orne-Inférieure, par suite des retards déplorables que
de tristes jalousies de métier et de centralisation apportent
tantôt à l'adoption, tantôt à l'exécution des projets d'amélioration
de cette navigation.

de Condé sur la leur. M. Perrault , de Lisieux, MM. Dauge
et Jeuch , de Croissanville , ont montré plus de zèle ; et
nous signalons principalement cette dernière manufacture
à votre attention , à cause des services qu'elle rend à
d'autres industries par le parfait *retordage* des fils de coton,
branche de l'art dont elle fait sa principale occupation.

Avoir , sur les lieux mêmes , de bons ateliers où se tei-
gnent à volonté et avec perfection les laines et les fils ,
est un point essentiel à la réussite de toute fabrique de
tissus. Sous ce rapport et sous celui du blanchissage des
blondes , nous réclamons , au nom de nos meilleurs fabricans, une distinction spéciale pour M. Bongy , de Caen.
A cette occasion, nous devons exprimer le regret que trop
de nos compatriotes conservent la routine d'envoyer au
loin teindre des fils et des tissus qui le seraient non moins
bien à leur porte par un compatriote, et avec plus d'économie.

Mais la profession du teinturier , et plusieurs autres
branches d'industrie , ont sans cesse besoin de substances
et d'agens , que leur fournissent les arts chimiques. Nous
avons donc dû réclamer aussi de vous un égal témoignage d'intérêt pour la bonne manufacture d'acide sul-
furique , de sulfate , d'autres produits chimiques , et de
formes à sucre de M. Berthe , à Honfleur. M. Levard ,
de Vire , mérite des encouragemens pour des essais de
fabrication en grand de potasse faite avec des pailles de
sarrasin , si abondantes dans le Bocage normand.

Deux de nos cités , Vire et Lisieux , se livrent principalement à la fabrication des étoffes de laine. Depuis
long-temps, Vire transforme en draps communs les laines
ordinaires de notre pays. M. Levard , d'Enfernel , a offert
de bons échantillons en ce genre ; mais M. Juhel-Des-

mares a prouvé que l'on pouvait faire beaucoup mieux. Par des efforts couronnés d'un plein succès , et qui contribuent puissamment à donner une impulsion toute nouvelle à la fabrique de Vire , il en est venu au point de pouvoir rapprocher cette fabrique très-près de celle d'Elbeuf, et peut-être de les faire rivaliser bientôt. J'abrège cet éloge ; votre jugement, Messieurs, va y donner une assez brillante sanction.

Pour les fabrications de Lisieux , les mêmes éloges , le même jugement signaleront la manufacture de M. Fournet-Brochaye , un des établissemens les plus utiles, les plus beaux de ce département , et un de ceux où les progrès de notre industrie sont les plus remarquables. Mais , Messieurs , tous les autres concurrens de cette ville manufacturière , s'ils n'étaient en aussi grand nombre , mériteraient encore , quoiqu'à des degrés différens , les prix qui vont être distribués. Nous devons citer MM. Bordeaux-Fournet , Boullet (Victor), Duval-Lebec, Dolbec-Roussel, Lamidey et Vattier aîné ; et si ces deux derniers vous ont été plus spécialement désignés , c'est parce qu'avant de comparer les uns aux autres , les divers objets d'une fabrication , il faut les diviser par masses , et prendre en grande considération l'importance des produits de chacune et leur utilité pour chaque classe de la société.

Pour les tissus de lin ou de chanvre , proprement dits *tissus de fil* , nous avons à regretter l'absence des fabricans du Lieuvin. Mais M. Criquet , M. Petit-Pilet , de Caen , et M. Fournier , de Condé-sur-Noireau , ont exposé des toiles œuvrées destinées aux emplois usuels , et d'une excellente qualité.

La fabrique de canevas de Magny-la-Campagne , ar-

rondissement de Falaise , est la première de l'Europe ;
elle a souffert par l'élévation du prix des fils , mais
elle se maintient ; et elle a su employer avantageuse-
ment le coton pour une partie de ses produits. M. Rivière a donc été justement recommandé à votre bienveillance spéciale.

La fabrique des tissus de coton ne s'élève guère dans
le Calvados au-dessus des produits les plus appropriés aux
besoins des classes inférieures de la société et aux emplois les plus ordinaires des autres classes ; mais elle n'en
mérite pas moins d'attention. Elle répand sur-tout une
grande aisance à Condé-sur-Noireau et dans les parties
du Calvados et de l'Orne qui avoisinent cette ville. Dès-
lors , Messieurs , nous avons dû appeler votre attention
sur M. Fournier la Motte pour ses cotonades , ses sia-
moises , et sur-tout ses linges de table , les uns en coton ,
les autres en fil.

À Caen , et dans le même genre de fabrication , nous
avons des éloges à donner à M. Petit-Pilet ; et nous vous
avons recommandé M. Marie comme un des meilleurs
fabricans du département.

Je passe à un tout autre genre de tissage , à une industrie plus spéciale et plus importante de notre département , et qui est connue dans le commerce sous le nom
générique de *bonneterie*. Nous avons dû diviser cette fabrication en quatre classes : sans cela trois d'entre elles ,
quoique plus importantes par leurs affaires , auraient été
nécessairement sacrifiées à une seule , c'est-à-dire , à la
bonneterie de luxe.

La grosse bonneterie de coton , *et les travaux accessoires* , occupent à Falaise et dans les environs , de 7 à

8,000 ouvriers de tout âge et de tout sexe, qui confec-
tionnent une certaine quantité de bas et une immense
quantité de bonnets de coton. Ces produits, livrés à fort
bas prix, sont répandus par toute la France et à l'étranger;
ils vivifient un de nos arrondissemens, et ils y occa-
sionnent un mouvement d'affaires de plusieurs millions.
Il est possible qu'un usage populaire et récent qui donne
une si grande activité à cette branche importante de
notre industrie, ne soit pas dicté par un goût bien exquis,
bien pittoresque. Mais où donc la mode est-elle un tyran
raisonnable ? Pour être autrement portés de nos jours,
pouvons-nous méconnaître, ici même, les trop vastes atours
de nos belles bisaïeules ? Moins dispendieux, et certes
plus commode pour les amateurs, sachons donc sup-
porter philosophiquement un moins élégant travers du
tyran, alors sur-tout qu'à beaux deniers sonnants nous
en encaissons chaque jour les profits. M. Goudon-Dudouit
a exposé des produits de cette industrie : ils sont à très-
bon marché ; mais M. Gautier-Lamare, par la bonté de
sa fabrication, semble avoir mérité bien davantage l'encouragement de premier ordre que réclame l'importance
de la fabrique de Falaise. Nous devons cependant des
éloges à M. Bréard-Longpré pour des essais qui tendent
à rapprocher cette fabrique de celle de la bonneterie fine.

Il est un genre d'industrie qui, à notre connaissance,
n'existe sur le globe nulle part ailleurs que dans la ville
de Caen : c'est la fabrication de schalls, gants, couvertures et autres tricots, au métier, dont les lapins do-
mestiques à long poil, dits d'angora, que l'on élève
dans le canton, fournissent la matière première. Ainsi,
dans cette fabrique, dont les trois quarts sont exportés

à l'étranger, tont est profit pour nous. Elle fut plus brillante autrefois : l'Amérique septentrionale offrait à nos fabricans un marché considérable. La mauvaise foi d'un seul qui finit par se ruiner lui-même en détériorant la fabrication, fut la cause principale du discrédit des tissus d'angora dans l'autre hémisphère. Heureusement d'autres débouchés s'offrent dans le nord de l'Europe, et même dans le midi de la France, pour les gants *dits de fourrure*. Espérons que nos fabricans actuels ne s'écarteront pas de la bonne foi dans le travail, seule garantie d'un succès durable. Ils nous paraissent devoir être encouragés par une distinction qui leur soit propre ; et si M. Sorel marche à leur tête, des éloges sont dus à la dame anonyme qui a fait exposer le schall carré n.º 49, et à M.ᵐᵉ veuve Lefay.

Quant à la bonneterie moyenne, en coton sur-tout, objet si important, et par lequel la fabrique de bas et de gants de Caen l'emporte sur celle de Troyes et sur ses autres rivales, il n'y a eu qu'une voix pour désigner à vos suffrages MM. Manoury frères, à cause de la bonté parfaite et consciencieuse de leurs ouvrages.

La bonneterie fine, j'ai presque dit la bonneterie de luxe, pour laquelle nos industriels emploient sur-tout ces fils de coton qui, d'une préparation particulière, reçoivent le nom de *fils d'Ecosse*, est aussi une de nos plus florissantes fabriques, une des plus importantes du royaume.

Nous avons à regretter le motif respectable, et pour ainsi dire paternel, qui a porté M.ᵐᵉ veuve Bellamy à ne rien exposer. D'autres fabricans recommandables ont concouru avec un succès toujours satisfaisant, mais dont

il

il nous a été difficile de déterminer bien exactement
toutes les nuances ; ce sont MM. Victor Vautier, Jouenne-
Duval, Potel, Léon Vautier et Curis, de Caen, et
M. Dolbec, de Lisieux, pour des gants. Nous avons cru
devoir assigner le premier rang à M. Victor Vautier ;
mais M. Jouenne-Duval en approchait de si près, et cette
fabrique de Caen est d'une si grande importance, que,
regrettant de ne pouvoir solliciter davantage, nous vous
avons demandé que M. Jouenne-Duval fût placé sur la
même ligne que M. Victor Vautier, et qu'un prix du
second ordre fût accordé à M. Potel.

Notre motif en faveur de M. Jouenne-Duval est puisé
encore dans la considération d'une haute espérance qu'il
fait naître pour ce pays. Mon respectable collègue, M. de
Magneville, vient de vous rendre compte des essais faits
à Honfleur par M. Guérin pour introduire dans le département la culture du mûrier et l'éducation des vers à
soie. Par des efforts simultanés, quoique non concertés,
M. Bachelot, de Caen, se faisait un titre à vos éloges en
parvenant à ravir à d'autres contrées, sinon le secret, du
moins la pratique difficile de la préparation des soies
dites *grénadines*, nécessaires, entre autres objets, pour
la fabrication des blondes. En même temps, M. Jouenne-
Duval faisant subir à plusieurs métiers des changemens
indispensables, donnant aux soies les apprêts nécessaires,
parvenait à fabriquer des bas comparables à ceux de
Paris et de Lyon, et qu'il se tient pour assuré de pouvoir
livrer bientôt au commerce à un prix égal et même plus
avantageux que celui de ces fabriques renommées. Frappées
de cette coïncidence d'heureux essais, vos Commissions
d'agriculture et de commerce ont dû combiner aussi les

moyens d'encouragement que vous aviez remis à leur disposition. Que de réflexions se présentent sur l'importance de la production et de l'emploi de la soie pour les pays qui s'y livrent, lorsque l'on sait qu'un kilogramme de cette matière convenablement préparée, produit déjà 120 à 140 fr. ; que, convertie, par exemple, en blondes d'un prix peu élevé, elle acquiert une valeur de 3 à 4,000 francs, et que les soies de la France ne suffisent pas à ses fabriques !

Ceci nous conduit, Messieurs, à vous entretenir de notre principale industrie départementale, de l'art par lequel nous livrons au commerce de l'univers ces tissus légers, ces réseaux brillans d'ornemens, destinés à rehausser encore les attraits d'un autre sexe. Jusqu'à quel point l'excès de la civilisation contribue-t-il à la décadence des nations, à la ruine de la civilisation elle-même ? Jusqu'à quel point les arts du luxe doivent-ils être encouragés ? Ce n'est point ici, Messieurs, que doivent se résoudre ces graves questions de philosophie morale et de haute politique ; mais, *sans les compromettre en rien*, il nous serait peut-être pardonnable de pencher pour l'indulgence, du moins en ce moment, où le luxe que nous servons ne nous apparaît que comme une sorte de manne nourricière pour la moitié peut-être de la population qui nous entoure.

Oui, Messieurs, on évalue à cinquante mille les ouvriers occupés à Caen et dans le reste du département, à la confection des tulles, des dentelles et des blondes : ces ouvriers sont des femmes et des enfans. Leur travail ne les jette point dans des ateliers, tristes foyers de corruption ; c'est au sein de la famille même

qu'ils produisent une valeur de 7,500,000 fr. (1) , dont
les trois quarts au moins passent à l'étranger , et dans
lesquels l'achat de la soie préparée , les dessins , les métiers et autres dépenses , n'entrent guères que pour
1,500,000 francs. Ici , Messieurs , vous me pardonnerez
sans doute si je dépasse la mesure des momens qui me
sont accordés , et si je vous entretiens d'une si riche
industrie avec une moins pénible rapidité que des autres.

Son travail se divise naturellement en quatre branches
bien distinctes : les tulles , la broderie et l'application
sur tulles , les dentelles de fil, les blondes ou dentelles de
soie. Il y a peu d'années , le tulle , c'est-à-dire , le simple
réseau des dentelles , se fabriquait à la main et sur le
même métier que les ornemens de ces dentelles ; il avait
donc un prix élevé. Bientôt une nation rivale imagina
d'appliquer le système du métier à bas à la confection des
tulles. D'abord ce furent des tulles *mecklins* qui , semblables à la gaze , ne supportaient pas le blanchissage ;
mais bientôt ce furent des tulles *bobins* ou à mailles fixes.
Sans doute cette invention fut un malheur pour notre
industrie ; mais une fois trouvée , il nous fallait l'adopter ,
sous peine de rester tributaires de l'étranger. Il existe
maintenant 10 fabriques de ce genre dans le Calvados.
MM. Moutier et Durand ont exposé de bons produits de
celle qu'ils ont établie à Lisieux ; mais , Messieurs , il

(1) Toute difficile qu'elle soit à faire , cette approximation
nous paraît être une des moins hasardées , par la raison qu'elle a été
le résultat constant du travail de nos principaux fabricans , opérant
chacun en particulier , d'après la connaissance exacte de ses
opérations comparées à l'importance de celles des autres.

faut placer à la tête de toutes , la manufacture de MM. Leblond et Lange , de Caen , tant par son importance que parce que , outre les tulles bobins en coton , on y a fabriqué , avec un succès complet , les premiers tulles *bobins en soie*. Ces messieurs les appellent *tulles-blondes* : il faut se garder de les confondre avec les *tulles de soie* de Lyon. Le nouveau produit , d'une similitude parfaite avec la blonde unie et d'un réseau plus égal , permet d'établir , avec une économie considérable , des robes , des schalls , des voiles , par application et à l'instar de Bruxelles. Cette nouvelle branche du commerce de blondes met à la portée de bien des fortunes une foule de jolis articles que leurs prix élevés empêchaient souvent d'être consommés. Ces succès étant dus à la supériorité de machines , dont un juge plus compétent que moi va bientôt vous entretenir , je dois me borner , Messieurs , à vous signaler deux faits. Si MM. Leblond et Lange n'ont pris part au concours actuel que pour les tulles , c'est uniquement parce qu'ils avaient déjà obtenu à l'exposition de 1819 un de vos grands prix , pour leur excellente fabrique de blondes. Ces messieurs ont exposé un tableau comparatif d'échantillons et de prix , par lequel ils font voir que le tulle fabriqué à la main , qui coûtait 3 francs , par exemple , est aujourd'hui livré par eux au commerce , en qualité semblable , mais d'une exécution beaucoup plus satisfaisante, pour le prix de 20 centimes , c'est-à-dire , pour 1115 de l'ancienne valeur.

Cependant la fabrication des tulles unis resterait presque inutile si l'emploi n'en était fait par une seconde branche de l'industrie capitale de notre département. Sur ces tulles on brode , à l'aiguille , les fleurs et les

autres ornemens des plus belles dentelles ; ou bien , par
un point particulier , dont l'invention , due à notre collègue feu M. Bonnaire , a rendu un service signalé à
toutes nos fabriques : on applique sur un morceau de
tulle , ou autour de ses bords , de la dentelle même faite
au fuseau , et on les unit avec tant d'exactitude qu'il
faut être du métier , ou au moins être connaisseur , pour
s'apercevoir du point de jonction. Cette partie de notre
industrie occupe un grand nombre d'ouvrières. Par sa
nature , elle peut être pratiquée aussi dans les classes de
la société où les arts de la broderie et du dessin sont
familiers et sont exercés avec le plus de supériorité.
Souvent ce travail arrêta honorablement sur les bords
de l'indigence , où elles allaient tomber , des familles
respectables dont la fortune fut emportée aux fatales et
dévorantes tempêtes des révolutions. Que de motifs ,
Messieurs , pour vous déterminer à accorder à la fabrique
dont il s'agit , en la personne de M. Lebaudy-Beau-
guillot , qui a tant contribué à sa perfection , un encouragement de premier ordre !

Les dentelles de fil , jusqu'à ces derniers temps , firent
la fortune et la célébrité des fabriques de Bayeux. Mais ,
moins brillantes que les blondes , elles sont durables ;
elles sont toujours d'un prix élevé. Et , dans ce siècle
où les vanités de l'apparence sont presque l'existence ,
et où tout semble vivre au jour le jour , un sexe faible
peut , sans que nous ayons le droit de le blâmer , vou-
loir des parures à grand effet et à bas prix , alors qu'un sexe
qui est moins frivole , dit-il , brigue , si souvent sans travail
et sans savoir , les faveurs fugitives de la vogue et les
gloires de la renommée , ... ! Les riches et solides

dentelles avaient donc passé de mode ; elles avaient, pour ainsi dire, disparu éclipsées par les blondes, dont la magique, mais frêle, mais éphémère beauté, dont toute l'existence, pour ainsi dire, semble être enchaînée par le luxe à la durée comme à l'éclat de ces fêtes qu'un soir voit apparaître, briller et s'évanouir. Cependant quelques commandes et le courage de la maison Lefébure, de Bayeux, digne successeur de la maison le Carpentier, paraissent devoir ranimer une fabrique si intéressante. On y parviendra sans doute, Messieurs, si vous signalez par vos plus puissans encouragemens la rare beauté des objets exposés par M. Lefébure, et qui sont les plus parfaits peut-être de toute notre industrie *dentellière*.

Dans l'état actuel, c'est la fabrique de blondes, surtout, qui verse sur nos contrées les trésors qui les alimentent et les vivifient. Telle est son importance, que votre Commission, avant d'entrer dans aucun examen comparatif, a résolu de vous demander deux premiers prix pour cette première de toutes nos industries. M. Lefébvre, de Caen, a soumis à votre examen une grande quantité de blondes blanches et noires, d'un travail dont les dessins ont beaucoup d'éclat, et justifieront, sans doute, votre jugement. M. Raymond de Savignac, également de Caen, dont la fabrique, jeune encore, occupe déjà un rang si avantageux parmi les plus considérables, n'a exposé qu'un seul morceau, un schall *six quarts*, en blonde blanche. Mais aussi c'est un véritable morceau de composition. Il a réuni tous les suffrages par le bon goût et l'admirable proportion de ses ornemens. Je me contenterai, Messieurs, de vous indiquer la seule critique que l'on ait pu en faire ; puis, parmi tant d'éloges, un

seul qui les renferme tous, mais dont les habiles et
consciencieux fabricans que nous avons consultés pouvaient
seuls nous révéler le secret.

La soie employée par M. de Savignac ne serait pas
en proportion parfaite avec la beauté et l'extrême finesse
du réseau. Dans les plus beaux ouvrages, on est obligé
de sacrifier l'exactitude du dessin à la facilité de l'exécution par l'ouvrière. Au contraire, dans celui de M. de
Savignac, le dessinateur n'a songé qu'à l'exacte imitation
de fleurs toutes charmantes, mais de fleurs toutes naturelles. Cependant, surmontant cette difficulté, jusqu'ici
réputée invincible, le fuseau de l'ouvrière, habilement
guidé dans ce magnifique schall, n'est resté nulle part
au-dessous du savant crayon de l'artiste.

RAPPORT

Fait au nom de la Commission des Arts (1).

Messieurs,

Si quelque catastrophe venait à dérober subitement à
la vue et à jeter dans l'oubli les productions qui nous
rassemblent, et si, après des siècles de barbarie, elles
apparaissaient à nos neveux comme nous ont apparu les

Commissaires : MM. *Pattu*, président et rapporteur, *Bunel*, *de
Caumont*, *Deslongchamps*, *le Sauvage*, *Gervais*. Les Commissaires
se sont adjoint MM. *Élouis*, *Guy*, *Saint-Germain*.

restes de la malheureuse ville de Pompeï ensevelie sous
la lave du Vésuve , elles feraient connaître admirablement
quel aurait été , chez nous , l'état des sciences et des arts
au 19.ᵉ siècle ; on verrait accourir les habitans d'alors ,
et sur-tout les antiquaires utiles et laborieux , pour connaître quels auraient été nos mœurs , nos usages , nos
vêtemens , nos meubles , nos instrumens , nos armes ,
nos machines. Que de curiosité toutes ces richesses exci-
teraient ! Avec quelle ardeur on les emploîrait pour
refaire ou pour compléter l'histoire de Normandie !
Mais nous, qu'elles distinguent tant de nos pères ; nous
qu'elles doivent intéresser bien plus vivement , pouvions-
nous être indifférens au spectacle qu'elles offrent ? La
foule, qui les a examinées avec tant d'empressement, nous
répond ; elle attend que nous manifestions la reconnaissance publique envers les personnes qui les ont produites ,
sur-tout envers celui qui les a rassemblées et que le pays
range , depuis long-temps , parmi les plus fermes soutiens
de sa prospérité. Ne craignons pas d'ailleurs de nous
laisser dominer par l'enthousiasme ; nous serons toujours
loin de la nation grave et manufacturière qui vient d'é-
lever une statue au génie de Wat , pour avoir soumis
aux lois de la mécanique et aux arts , un moteur pro-
digieux , la vapeur , qui change peu à peu la face du
monde et nous fait assister à la plus belle transformation
des sociétés civilisées. Au reste , pourrait-on trop exalter
les arts qui ont délivré l'homme de tant de fléaux ; qui
ont si bien établi sa puissance sur toute la nature ; qui
ont érigé tant de temples , tant de palais , tant de monumens somptueux , où l'ame s'élève vers le Créateur
suprême , et se pénètre du respect dû aux grandes institutions sociales ?

Il faut donc s'attacher aux moyens de les étendre parmi
nous, et ne pas oublier que leurs moindres progrès peuvent
donner de grands résultats. N'oublions pas non plus qu'ils
rétrograderaient rapidement si les sciences cessaient un ins-
ant de les guider ; si les leçons des Laplace, des Vauquelin
ne repoussaient pas de la patrie de ces hommes illustres,
la recherche du mouvement perpétuel, ou des procédés
contraires aux lois immuables de la nature. L'ignorance
veille, gardons-nous de sa persévérance et de ses fu-
nestes succès.

Cependant qu'il nous soit permis, pour écarter des reproches fondés, qu'on pourrait adresser à votre Commission,
de rappeler et d'adopter ici des règles de conduite que l'esprit de sagesse a gravées naturellement parmi nous, et
qu'un ministre célèbre qui a tant contribué aux progrès
de l'industrie manufacturière, a exposées en ces termes :

« J'observe depuis long-temps, dit M. Chaptal, qu'il
» ne suffit pas d'apporter de grandes lumières pour faire
» prospérer un établissement, il faut encore savoir le
» conduire ; le talent peut le créer, mais il n'appartient
» qu'à une bonne administration de le consolider. Une
» économie bien calculée, une bonne division du tra-
» vail, des connaissances profondes pour les achats et
» ventes ; te's sont les principaux élémens d'un succès
» durab'e. Ce serait atteindre, sans doute, à la perfec-
» tion que de réunir le mérite de l'administrateur
» au talent de l'artiste ; mais si je me trouvais dans
» l'impossibilité d'associer ces deux qualités, et que je
» fusse forcé à me décider pour l'une des deux, je
» préférerais la première. L'imagination fougueuse d'un
» artiste a besoin d'être modérée par la sagesse de l'ad-

» ministrateur ; le premier ne voit que le mieux , et ,
» trop souvent , il ne consulte que son amour-propre
» pour y arriver ; le second compare sans cesse la dé-
» pense à la recette , et il ne poursuit que ce qui est
» avantageux à ses intérêts. »

Votre Commission aurait bien désiré , Messieurs , de
fixer le mérite entier de chaque produit utile de l'Exposition par l'indication des talens administratifs du
fabricant qui peuvent seuls le faire prospérer ; mais il
n'appartient qu'à l'opinion publique d'exercer sur chaque
membre de la grande société la magistrature sévère et
inévitable qui le montre dans sa vie privée , et nous avons
dû la laisser compléter votre jugement.

Nous admirons , Messieurs , à juste titre les dentelles ,
les tissus , les huiles , les tonneaux qui sont mis sous nos
yeux ; mais si les machines qui nous ont donné ces produits étaient montées dans cette enceinte ; si elles ne
pouvaient occuper que la place de celles qu'on a pu
recevoir ; si nous voyions ces rouages , ces leviers se
mouvoir , se combiner , se succéder presque seuls , que le
génie des arts qui a tout ordonné nous semblerait grand !
Vous ne voulez pas , Messieurs , que nous décrivions ces
créations admirables : le temps nous manquerait ; mais
nous pouvons au moins , dans un jour où vous faites
le dénombrement de nos richesses , où vous devenez
l'organe de l'opinion publique , vous rappeler les machines qui sont les plus dignes de votre intérêt.

MM. les concessionnaires de la mine de Littry ont introduit , depuis long-temps , chez nous la machine à
vapeur pour l'extraction de la houille qui , en dimi-
nuant le prix de la chaux vive employée comme amende-

ment dans une vaste contrée , a fait faire d'immenses progrès à notre agriculture ; qu'ils reçoivent donc nos premiers témoignages de reconnaissance ; et puissent tous les pays avoir d'aussi fermes soutiens de l'industrie agricole !

Nous voyons aussi , depuis long-temps , une machine à vapeur dans la fabrique d'huile créée par M. Faucamberge , à la Maladrerie , près de Caen.

Nous ayons pour ainsi dire sous les yeux celle que M. Tillard , qui a mis son tribut à l'Exposition , vient de placer dans sa magnifique huilerie. Cette machine est de seize chevaux. On ne peut voir plus de précision dans les mouvemens ; toutes les pièces sont exécutées avec un soin , un discernement rare ; les forces et les formes sont admirablement combinées ; elles produisent avec un grand accord tous les effets qu'on en attend ; le goût même y est empreint ; enfin , elles font de toute la machine et de sa belle cage un modèle qui doit nécessairement propager dans notre industrie manufacturière les perfectionnemens qui nous frappent vivement ici.

Le moteur de la fabrique sert à concasser et à broyer la graine avec de lourdes meules verticales en granit ; à la remuer dans les chauffoirs ; à faire exprimer l'huile par les presses hydrauliques que le génie de Pascal, ou celui des sciences , a donné aux arts ; à élever ce produit avec des pompes dans les étalons ; enfin , à monter dans les greniers de la cage , les graines qui arrivent à l'huilerie

Les machines que MM. Leblond et Lange emploient pour fabriquer le tulle , doivent à leur tour être fort distinguées. Nous ne vous ferons point connaître ici la

composition et le mouvement des parties qui forment
les points de ce léger tissu ; il suffit de dire qu'il est
d'une régularité parfaite ; que le problème de mécanique
qui avait été posé est résolu ; que l'inventeur a complètement atteint le but indiqué : ce qui est prouvé par les
objets exposés sous le n.° 22. Mais MM. Leblond et
Lange, que nous pouvons ranger parmi les bons administrateurs, ont rencontré des difficultés nombreuses dans
la nouvelle fabrication qu'ils ont importée chez nous. Nous
ne parlerons point des coalitions affligeantes qu'ils ont
été forcés de repousser ; nous ferons observer seulement
que leurs premières machines les ont entraînés dans de
grandes dépenses, et qu'elles sont déjà remplacées par
d'autres plus simples qui exigent des moteurs moins forts
et font baisser le prix des objets fabriqués. Les besoins
urgens, ou les progrès inespérés de l'industrie, laissent
fort souvent en arrière les premiers travaux ; des manufactures dirigées avec des forces et des capitaux plus appropriés à la fabrication, partent des points que les
anciennes ont déjà atteints, et avancent ensuite avec plus
de rapidité. Ne croyons pas cependant que MM. Leblond
et Lange se soient laissé devancer : leur courage, leur
persévérance, leur longue expérience du commerce ne
s'altèrent point ; aucune peine, aucun sacrifice ne leur
coûte pour mener à bien la grande et patriotique entreprise qu'ils ont commencée ; ils s'empressent d'adopter
tous les perfectionnemens faits ailleurs, et sur-tout en Angleterre, et ils contribuent fortement à conserver dans
notre pays une branche d'industrie dont la disparition
serait funeste. Vos Commissions ont visité leur fabrique,
et elles ont été satisfaites. Elles ont vu de nouvelles

dispositions projetées pour diminuer le travail et les fa-
tigues des ouvriers , soit par une meilleure direction des
forces de l'homme , soit par de nouvelles machines. Tant
d'efforts , tant de succès méritent, Messieurs , de grands
témoignages de votre intérêt.

La filature qui a pour moteur la chute de l'Orne , à
Montaigu , doit ensuite , Messieurs, attirer vivement votre
attention. Quels progrès l'art de filer a faits de mémoire
d'homme ! Nous nous rappelons encore , sans être fort
âgés , les rouets imparfaits des filateurs. Mais peu à peu
la mécanique , qui n'était que spéculative , qui ne servait
qu'à nos amusemens , a été appliquée aux arts utiles ;
le génie français qui a créé l'école polytechnique et rendu
l'expédition de l'Egypte immortelle , a étendu sa puissance , et l'endroit où M. Mannoury d'Hectot avait réalisé
quelques-unes de ses belles conceptions , le moulin de
Montaigu , a reçu du zèle éclairé et infatigable de M.
Gervais la grande importance qui nous frappe aujourd'hui.
M. Gervais a d'abord rendu la marche et la force de son
usine uniformes : on sait que l'uniformité devient la base
d'une bonne fabrication ; sans elle , on retomberait dans
les défauts du travail à la main, qui est défectueux de tout
point , quand il n'est pas dispendieux outre mesure.
M. Gervais a ensuite livré à l'action de son moteur les
machines les plus simples et les plus ingénieuses que
la sagacité et l'expérience consommée des mécaniciens
aient pu inventer. Aussi avec quel intérêt on voit les
flocons de laines grossières devenir insensiblement , sous
la simple direction de l'homme , des fils admirables par
leur uniformité et sur-tout par leur force ! car les machines , les outils conservent précieusement toute la lon-

gueur des brins naturels du coton. Nous pouvons assurer, Messieurs, que la filature de Montaigu peut maintenant répondre à toutes les demandes qui lui seront faites.

Nous revoyons des produits semblables, avec les mêmes moyens et la même économie, dans la belle filature de Croissanville, appartenante à M. Dauge.

Celle que M. Fournet-Brochaye a élevée à Lisieux pour la laine, mérite à son tour votre intérêt ; elle achève de retirer l'industrie manufacturière de cette ville de la langueur qui vous avait affligés à la dernière exposition : la déplorable routine a été vaincue ; on voit enfin les moteurs, les machines, les procédés, la division du travail, la direction intelligente et l'exécution habile qui avaient attiré dans d'autres pays le travail et la richesse de Lisieux. Nous ne pouvons, Messieurs, vous communiquer toute la satisfaction que nous avons éprouvée quand nous avons visité cette importante filature ; mais vous ne pouvez témoigner trop de considération à M. Fournet-Brochaye.

La Société d'encouragement a décerné, en 1831, une médaille d'or de première classe à M. de Mauneville, pour les procédés employés dans la fabrique de tonneaux et de parquets élevée à Troussebourg, près d'Honfleur. Plusieurs de nos collègues avaient été invités à faire avec nous un rapport sur cette fabrique si intéressante et si nouvelle, et on voit dans notre travail la description suivante, que nous devons encore adopter.

« La fabrique de Troussebourg est à une lieue environ » d'Honfleur. Son moteur est une chute d'eau de 4 ^m 90 ; » c'est lui qui donne si vite les pièces si parfaites des » tonneaux et des parquets. Près de cette chute est un » bâtiment à deux étages qui renferme toutes les machines

» que nous devions examiner ; il a 14 ᵐ 90 de face et
» 9 ᵐ 90 de profondeur ; il est entouré de hangars ,
» de magasins , dans lesquels des approvisionnemens et
» des produits de l'établissement sont déposés. Ils occu-
» pent 360 ᵐ carrés de terrain. Une roue à augets , placée
» derrière le grand bâtiment , et qui a 6 ᵐ 80 de dia-
» mètre , donne le mouvement dans l'intérieur. On nous
» dispensera de décrire les roues à dents , les pignons ,
» les lanternes , les courroies tenues par la roue à augets ,
» et employées à transmettre sa force aux outils qui fa-
» çonnent le bois. Les machines sont : 1.° une grande
» scie à lames verticales qui débite les gros bois en
» grume ; 2.° une petite scie à lames semblables qui dé-
» bite en feuillets les madriers produits par la première ;
» 3.° une scie circulaire pour réduire en planches de gros
» madriers déjà équarris ; 4.° une machine à faire les
» rainures et les languettes des pièces de parquet ; 5.°
» une machine à régler la longueur des douves de ton-
» neau , à les jabler , les parer , les sous-roguer ou les
» chanfreiner ; 6.° une autre machine pour régler la lar-
» geur des mêmes douves et leur donner la clé ou la
» coupe exigée pour la forme des tonneaux ; 7.° un
» outil employé comme un bouvet à faire régler par
» une scie circulaire les joints des planches desti-
» nées pour les fonds de tonneau ; 8.° un corps de
» vilebrequin pour percer les trous des chevilles d'as-
» semblage des mêmes planches ; 9.° enfin , une machine
» à régler et à chanfreiner le fond des tonneaux.

» Voici quelques courtes observations sur les machines
» précédentes. La grande scie à débiter les bois en
» grume a trois scies verticales fixées dans un châssis

» qui monte et descend en suivant des coulisses et des
» tringles de fer. Les pièces de bois sont placées sur
» un charriot qu'un rochet et un levier coudé, attachés
» au châssis, font avancer, et dont la marche est faci-
» litée et rendue régulière par des rouleaux. Une dis-
» position fait écarter du fond des traits les pointes des
» dents des scies, lorsque celles-ci remontent, et pré-
» vient ainsi le frottement. On a fait refendre devant
» nous un tronc d'orme de 4 ^{m} 50 de longueur. Le
» sciage a duré dix-huit minutes. Les trois traits avaient
» ensemble 3 ^{m} 48 carrés, ce qui donne o ^{m} 193
» carrés de trait par minute. La course des scies était de
» o ^{m} 50, et l'on obtenait 80 coups de scie par minute.

» La petite scie à débiter des madriers en feuillets a
» six lames. Elle est montée comme la grande. Elle a
» opéré devant nous sur un madrier en sapin de 3 ^{m} 59
» de longueur. Le sciage a duré douze minutes, pendant
» lesquelles on a obtenu 5 ^{m} 17 carrés de trait, ce qui
» donne o ^{m} 43 de trait par minute. La course était d'un
» demi-mètre, et l'on obtenait 165 coups de scie par
» minute.

» Les madriers étaient pris et attirés par deux cylindres
» verticaux et mobiles placés tout près des scies : cette
» disposition donnait la facilité de refendre des bois courbes
» en suivant leurs fils : M. de Manneville a insisté sur
» cette propriété de la machine.

» L'établissement renferme trois autres machines à
» faire des feuillets. Celle qui tourne les fonds des ton-
» neaux a deux plateaux horizontaux qui serrent entre
» eux ces fonds par une vis sans fin, dont on a fait une
» partie de l'axe de la machine. Deux sortes de mâchoires,

» armées

» armées chacune d'un bec-d'âne vertical et d'un ciseau
» oblique , et qui embrassent les mêmes fonds , les
» rognent et les chanfreinent sur les bords en dessus et
» en dessous , dans le mouvement circulaire imprimé
» aux plateaux. Les mâchoires peuvent être placées à des
» distances différentes et donner des fonds de tout dia-
» mètre. Un fond de tonneau est réglé en une minute
» environ. Il y a quatre machines semblables dans l'éta-
» blissement.

» Nous rappellerons ici que M. de Manneville a fait
» monter , sous les yeux mêmes de la Commission ras-
» semblée le 5 octobre , un tonneau qui a reçu son bouge
» sans l'emploi du feu , et qui , après avoir été cerclé
» et rempli d'eau , n'a laissé paraître aucune voie dans les
» douves et dans les fonds.

» Tout ce que nous avons vu nous porte de plus en
» plus à reconnaître et à déclarer que les produits de
» la fabrique de Troussebourg doivent être nécessaire-
» ment , et sont en effet beaucoup plus parfaits que
» ceux qui sortent des ateliers ordinaires , et que l'opinion
» dans le commerce est et doit être nécessairement fa-
» vorable à cette fabrique. »

Voilà en peu de mots les principaux établissemens qui
donnent un grand essor à l'industrie dans le Calvados :
nous allons maintenant rentrer dans cette enceinte.

La machine qui nous frappe le plus est la charrue
Grangé , ou plutôt la charrue du Calvados , à laquelle
MM. le Breton ont fait les améliorations que M. Grangé
a indiquées. Les deux chaînes qui lient l'âge , la haie ,
la flèche à l'essieu des roues de l'avant-train ; la compresse ou le levier qui passe sous cet essieu et qui rem-

place les bras de l'homme dans la pression sur le talon du sep ; le levier qui sert à dépiquer et à soulever le soc quand on veut changer de sillon, sont les trois pièces qui viennent d'améliorer considérablement la charrue, et qui donnent aujourd'hui le moyen de labourer avec facilité, avec régularité les terrains les plus difficiles. Adressons d'abord, à notre tour, des félicitations à M. Grangé, et ensuite des remercîmens sincères à MM. le Breton pour nous avoir montré que nous pouvions, sans déranger nos habitudes, participer aux avantages importans qu'un grand nombre de départemens retirent déjà de la nouvelle charrue. On devait s'attendre que ces deux maîtres en charpenterie et en menuiserie, qui connaissent et pratiquent si bien leur art, se hâteraient de rendre à leur pays le service que nous signalons. Nous devons dire qu'étant en même temps cultivateurs, ils réunissent à l'art du charron-mécanicien, la connaissance des besoins du laboureur ; et que nous devons espérer de les retrouver lorsque nous nous occuperons plus spécialement des encouragemens à donner à l'agriculture. Nous joignons à ce rapport quelques considérations sur l'état actuel de la charrue, et sur d'autres perfectionnemens qu'elle doit recevoir incessamment.

M. le Mullois a mis à l'Exposition, sous le n.° 169, un tilbury qui a vivement attiré les regards du public. Cette voiture réunit l'élégance et la légèreté à la solidité. Les pièces n'en pourraient être amincies ; cependant on voit qu'elles sont assez fortes pour résister aux chocs qu'elles recevront. Le fer et le bois ont été choisis avec un soin minutieux. Les moyeux n'ont point de cordons ou de frettes, leur contexture prévient les fentes.

Tous les assemblages ont été exécutés et fortifiés avec une intelligence qu'on doit bien remarquer. Quatre ressorts horizontaux et à feuilles portent la caisse ; ils sont faits avec l'excellent acier de Bradet : on ne peut avoir d'élasticité plus parfaite. Le garde-crotte est un morceau remarquable de forge et de serrurerie ; il est tout d'une pièce. Aucune partie du tilbury n'est peinte, parce que le constructeur a voulu que son travail pût être bien jugé : on agit rarement avec cette franchise. On voit que M. le Mullois s'est formé dans les ateliers qui rivalisent aujourd'hui avec les Anglais. Si Paris ne prend plus à Londres les admirables voitures qu'il demande à l'art du carrossier, nous pourrons à notre tour trouver chez nous ce que nous étions forcés de tirer de Paris pour satisfaire notre luxe et nos goûts. Vous voudrez donc, Messieurs, donner à M. le Mullois les témoignages de satisfaction qu'il mérite pour avoir créé à Caen une nouvelle branche d'industrie qui doit nécessairement y prospérer.

M. le Pontois a présenté, sous le n.º 174, une pompe à incendie. Elle a été démontée devant la Commission, qui en a examiné les parties avec soin. Cette machine a paru bien exécutée : toutes les pièces sont bien fondues ou forgées, sont bien soudées ou assemblées. La disposition des soupapes est bonne ; des précautions sont prises pour que le mouvement n'en soit pas gêné par des corps que l'eau entraînerait. Les pistons sont faits suivant des méthodes que l'expérience a confirmées. Le balancier est composé de trois parties qui se replient et qui facilitent le transport et la pose de la machine. Des parallélogrammes de mouvement maintiennent les tiges des pistons verticales.

M. le Couvreur a présenté à son tour, sous le n.° 37, une pompe de même nature, qui a été soumise aux mêmes examens. La Commission en a porté le même jugement. Cette seconde pompe est bonne ; elle remplit parfaitement son objet ; la composition en est bien entendue, les conduits sont très-bien ajustés ; cependant le balancier n'est point brisé et devient embarrassant : c'est un inconvénient auquel il est très-facile de remédier. M. le Couvreur a ouvert dans le réservoir une entrée pour un tuyau d'aspiration, et qui peut être utile quand on est près d'un puits, d'une mare ou d'un cours d'eau encaissé.

On sentira que la Commission n'a pu faire toutes les vérifications, ou toutes les expériences nécessaires pour prouver que l'effet utile de chaque pompe est aussi grand qu'il se peut, pour la force motrice qu'on veut ou qu'on peut employer aux manœuvres. Mais elle a désiré que les compagnies d'assurance, et même le Gouvernement, fissent exécuter et déposer aux centres des grandes contrées de la France des modèles pour les ouvriers, et que ces modèles fussent formellement approuvés par les savans. La théorie et la pratique s'y trouvant réunies, on aurait des machines qui répondraient enfin à l'ardeur, au dévoûment si admirable de nos corps de pompiers.

Quoi qu'il en soit, MM. le Pontois et le Couvreur ont prouvé qu'ils pouvaient satisfaire à toutes les demandes qu'on voudrait leur faire. Rappelons maintenant, Messieurs, que vous avez souvent gémi sur les incendies qui depuis quelques années ont jeté tout-à-coup dans la misère des familles qui vivaient heureuses ; vous avez vu avec douleur que des mesures n'eussent pas été prises pour porter à temps des secours aux incendies dans les campagnes, et vous avez desiré que l'on s'occupât fructueusement de cette amélioration importante : vous voudrez donc , en distinguant MM. le Pontois et le Couvreur , montrer que notre industrie a donné le moyen d'obtenir chez nous de bonnes pompes à incendie , et d'arrêter ainsi des désastres affligeans.

M. Gauthier fils a donné , sous le n.° 89 , un tour en l'air qui fait honneur chez nous à l'art de la serrurerie : les ouvriers ont été fort contens de cet objet qui mérite des éloges.

M. Reinvilliers , coutellier , a soutenu , par la montre très-variée qu'il a mise à l'Exposition sous le n.° 110 , la réputation que la coutellerie s'est acquise depuis long-temps à Caen. Ce fabricant donne à la chirurgie , au jardinage , à la maréchallerie et à d'autres arts les instrumens et les outils qui leur sont propres , et qui sont exécutés avec beaucoup d'intelligence et de soin. M. Reinvilliers a très-souvent facilité aux savans et aux artistes le moyen de faire des recherches et des expériences , en leur donnant les nouveaux instrumens qu'ils lui demandaient , et qu'il exécutait suivant leurs désirs. Il méritait donc d'être distingué à tous égards.

M. Danremme , coutellier , n'a pas voulu laisser passer cette nouvelle Exposition sans y donner son tribut. Il avait enrichi les précédentes et avait recueilli les témoignages de considération qui lui étaient dus , pour l'expérience et le savoir qui le distinguent : nous devons vous prier , Messieurs , de les lui renouveler. Il s'occupe sans cesse du perfectionnement de son art. Les couteaux qu'il a offerts à votre jugement sous le n.° 136 , ont toute la perfection que l'on peut désirer , et ont dû être remarqués par le public.

On a souvent besoin, dans la pratique des accouche-
mens, de connaître exactement l'ampleur du bassin. Le
célèbre Baudelocque se servait d'un compas qui porte
son nom ; mais cet instrument n'était point assez por-
tatif, et les chirurgiens étaient presque toujours privés
des renseignemens précieux que lui seul pouvait leur
donner. M. le Bidois fils, si distingué dans la science
de M. Baudelocque, a perfectionné le compas d'épaisseur ; il l'a brisé et contourné suivant le modèle que
M. Baudry, coutellier, a offert sous le n.º 130, et qui
est exécuté avec habileté et précision.

Un enfant meurt dans le sein de sa mère, et ses tristes
débris doivent être extirpés. L'opération césarienne a
été regardée comme un bienfait signalé ; mais que
d'êtres chers ont succombé dans les douleurs affreuses
qu'elle causait ! L'art devait donc faire un nouvel effort ;
il a réussi : le neveu du célèbre Baudelocque, digne
de son nom, a donné le forceps compresseur ou le *cé-
phalotribe*. Cependant cet instrument était trop lourd et
trop volumineux. M. Baudry, toujours guidé par les lumières et l'expérience de M. le Bidois, vous l'a offert
aussi, sous le n.º 120, avec les formes et les dimen-
sions qui repoussent les justes reproches faits dans
une thèse soutenue en 1832 à la société de médecine de Paris. M. Baudry a employé l'acier fondu
au lieu du fer, et les branches de l'instrument sont deve-
nues plus fortes en devenant plus minces et plus légères.
On sent qu'elles ne devaient pas être trempées, et que
leur poli, qui est parfait, était indispensable. Vous voudrez, Messieurs, accorder des éloges et des remercimens à M. Baudry.

On voit, sous le n.º 230, quatre montres offertes par M. Vauquelin, horloger à Caen. L'échappement est à cylindre ordinaire dans la première ; à cylindre *Breguet* dans la seconde ; à virgule dans la troisième ; et à la *Duplex* dans la quatrième. L'échappement d'une montre est une des plus belles inventions d'horlogerie, et c'est dans les pièces qui le produisent que toute l'habileté de l'artiste se découvre. M. Vauquelin a donné des preuves irrécusables de la sienne dans ses quatre montres qui sont si différentes, et par lesquelles il débute si heureusement. Il en a fait toutes les parties avec un soin et une précision remarquables. Il promet de contribuer à conserver chez nous le moyen de construire ou de réparer facilement les objets d'un art si élevé au-dessus des autres, et qui devient utile de plus en plus, sur-tout pour la navigation, à laquelle nous devons nous intéresser particulièrement.

M. Groult, horloger à Bayeux, a déposé, sous le n.º 188, trois nouveaux outils d'horlogerie qui seront indubitablement adoptés. Le premier sert à recevoir les mouvemens de pendule que l'on veut réparer sans avoir leurs emboîtemens ou leurs supports ordinaires. Le second sert à faire des tailles de lime, des fonds de pignon et des fraises de plate-forme ; il donne le moyen de faire trois cents dents en cinq minutes. Le troisième est destiné à mettre un pignon de champ dans une montre à la place de l'ancien. On obtient un très-bon engrenage et la longueur exacte des tiges par le seul mouvement du petit mécanisme. Ces trois outils sont fort bien exécutés, et ils prouvent qu'il ne doit sortir des mains de M. Groult que de très-bons ouvrages. Et puis

Il ne faut pas oublier que notre admiration ne doit pas toujours tomber sur les objets fabriqués, mais sur les moyens de les fabriquer. Les machines qui donnent ces dentelles si régulières, ou ces fils si délicats, les planches des gravures, les poinçons des médailles, voilà ce qui est véritablement admirable.

M. le Baron, arquebusier à Caen, a exposé, sous le n.º 181, un fusil de chasse et deux pistolets de combat. Ces armes nous rappellent l'invention la plus merveilleuse, la plus terrible, la poudre, ou ce déploîment instantané de gaz dont la force devient immense. La machine à vapeur n'est au fond qu'une arme plus docile aux desseins de l'homme, et nous sommes aujourd'hui dans l'anxiété devant l'imagination féconde d'un savant Anglais qui tente d'appliquer la vapeur à l'artillerie. Nos armes ne sont-elles pas déjà assez meurtrières ?

Celles que M. le Baron nous présente doivent être bien remarquées : le fusil est à deux coups ; il a trois canons doubles ; le premier pour la plaine, le second pour les bois, le troisième pour les marais. Il est fait sur le nouveau modèle, ou est amorcé par la poudre fulminante. Le canon est damassé, et a par conséquent toute la solidité qu'on peut désirer dans l'état actuel de l'art. Le dressage de l'intérieur est parfait. Les platines sont des pièces achevées de serrurerie fine ou d'horlogerie ; on ne peut voir plus de régularité dans la contexture et la forme de chaque pièce. Les ressorts sont excellens. Le fût est formé avec un morceau d'érable très-bien approprié à la destination qu'il a reçue ; les arrêtes des ornemens et des places ménagées pour les parties en fer sont très-pures. Toutes les incrustations le sont également. Le fusil

ne recule point , la personne à laquelle il appartient
n'en serait pas si jalouse. Les deux pistolets de combat ,
sortant de la même main , ont la même perfection. Si M. le
Baron est le seul armurier qui ait enrichi l'Exposition , on
peut assurer qu'il a présenté les objets les plus précieux
que son art ait produits dans le Calvados.

M. Yver a présenté du plomb de chasse sous le n.° 92.
Sa fabrique a été élevée en 1813 ; elle a obtenu une
médaille dans l'exposition faite par la Société en 1819.
A cette époque , elle ne donnait encore que onze numéros
de plomb et trois de balles. Depuis , elle a augmenté
beaucoup ses produits ; on en a vu la série dans la boîte
que le public a pu examiner. Ils sont répandus aujour-
d'hui dans quatre départemens et portés aux Colonies.
Ils composent ensemble 100,000 kilogrammes au moins
par année. Les machines et les outils de la fabrication
ont été perfectionnés , sur-tout les polissoirs. Les échantillons donnés à la Société ont montré que les grains de
plomb et les balles ont une régularité , une uniformité
parfaite dans le même numéro. M. Yver mérite donc
de plus en plus la bienveillance de la Société.

M. le Baron , poêlier , a exposé , sous le n.° 62 , une
cheminée en métal , un fourneau de cuisine , et un appareil contre la fumée. Nos aïeux n'avaient encore communément , vers le milieu du 17.° siècle , qu'un chauffoir
commun dans chaque maison ; ils n'employaient point de
cheminée , la fumée sortait par une simple ouverture pratiquée dans le toit. Mais , depuis cette époque peu éloignée, que d'améliorations l'économie domestique a reçues !
D'abord on a été délivré de la fumée par des tuyaux qui
la conduisaient au-dehors ; mais on brûlait encore des

masses énormes de bois pour avoir peu de chaleur , et
les classes pauvres , sur-tout les artisans et les ouvriers
des manufactures , souffraient affreusement du froid en
hiver quand leur travail n'exigeait pas un dur exercice.
Peu à peu des inventions et des dispositions nouvelles
firent retenir les quantités énormes de calorique qui s'é-
chappaient des foyers en pure perte. Elles furent dirigées
suivant les buts différens que l'on se proposait , et suivant les principes donnés par les sciences qui enfantent
les arts , et nous avons aujourd'hui les cheminées , les
poêles , les chauffoirs , les ventilateurs , devant lesquels
les hommes des temps anciens resteraient en admiration.
Cependant ces belles améliorations ne sont pas encore
propagées autant qu'elles pourraient l'être ; la consom-
mation du bois à brûler est encore excessive auprès du
chauffage effectif qu'on obtient , et il importe beaucoup
que l'on fasse un meilleur usage de ce produit précieux
de l'agriculture, en encourageant l'art du poêlier qui , sous
cet aspect , est placé dans un rang élevé. M. le Baron connaît fort bien toutes les ressources que cet art donne
pour obtenir la plus grande quantité utile de calorique
dans les appareils de chauffage : il a pratiqué dans ses
poêles , que nous avons visités , les réservoirs , les conduits , les bouches de chaleur que l'économie de com-
bustibles nécessite ; mais il n'a pu employer ces moyens
dans la cheminée qu'il a exposée , le temps lui a
manqué : il y suppléera suivant les désirs de l'acheteur.
Nous devons toujours le distinguer par le soin et le discernement apporté dans l'exécution. Le fourneau de cuisine
est fort ingénieusement disposé ; on le voit avec plaisir ; on
peut dans un espace très-resserré préparer en même temps

avec le même foyer les deux services des repas modestes de cette foule de ménages logés à l'étroit dans les grandes villes, et qui néanmoins goûtent dans leurs jours de fête les plaisirs que le bon Henri voulait donner à tous ses sujets. L'appareil contre la fumée est bien entendu : c'est une sorte de registre qui règle les courans d'air suivant l'effet qu'on veut obtenir.

M. le Baron fait lui-même les objets que l'on trouve dans son magasin, et on est assuré qu'ils n'ont pas les défauts cachés de ceux des fabriques éloignées. Vous voudrez donc, Messieurs, lui donner les témoignages d'estime que vous accordez aux hommes éminemment utiles.

M. Verdan a montré, par une enclume, un étau et une vis qu'il a exposés sous le n.º 73, à quel point le constructeur d'ouvrages à grands effets, les maîtres de manufactures et d'usines, pouvaient compter sur lui. Ces trois pièces volumineuses sont très-belles ; on y voit le fer avec toute son énergie, et l'on s'étonne de l'habileté et de la force qui lui ont donné les formes anguleuses ou rondes et toujours pures que les autres forgerons ont eux-mêmes admirées.

M. Prouteau a donné, sous le n.º 281, d'excellens instrumens de dissection. Il avait prouvé son habileté dans la dernière exposition comme ouvrier de M. Gouré; qu'il reçoive aujourd'hui directement vos éloges et nos remercîmens.

M. Boutrais, taillandier, a montré, sous le n.º 103, une grande habileté pour la fabrication des outils. Ses ciseaux à carton, vendus à un de nos premiers papetiers, et sa tille de charron, ont été vus avec beaucoup d'intérêt pour leurs formes bien combinées qui leur donnent une grande force sous le moindre volume. Le fer et l'acier sont sur-tout très-bien soudés,

Les outils exposés, sous le n.º 272, par M. le Blanc, taillandier à Honfleur, ont été examinés avec la plus grande attention, et loués par des personnes très-expérimentées dans le même art. Votre Commission a partagé leur opinion, et doit présenter les ouvrages de M. le Blanc comme des modèles que les ouvriers doivent suivre dans le pays qu'il habite.

Le n.º 211 indique les peignes de MM. Debergues-Desfriches. Ils sont employés pour le tissage, et font, en quelque sorte, partie des métiers; ils maintiennent les fils dans une position invariable, et dans un espacement régulier. Les dents sont faites avec des fils ronds d'acier ou de cuivre; on les met au laminoir pour les aplatir; on les soumet avec cette forme à la machine à polir, où ils subissent un grand nombre d'opérations différentes. Chaque dent en sort parfaitement égale, parfaitement unie, de manière que les fils du tissu peuvent passer dans le peigne sans éprouver d'altération par le frottement, et que les ouvriers qui tissent ne perdent plus le temps considérable qu'ils perdaient autrefois pour renouer des fils rompus. D'un autre côté, le perfectionnement de la fabrique des peignes, la division du travail qui y est poussée plus loin, l'habileté des ouvriers qui croît toujours, ont fait baisser beaucoup le prix de cette espèce d'outil ou d'instrument, et recommander dans les fabriques de tissus MM. Debergues-Desfriches. Vous voudrez donc leur rendre toute la justice qui leur est due pour un des objets les plus utiles, les plus précieux de l'Exposition.

M. Bouet nous a offert, sous le n.º 358, deux serrures et un cadenas. Une des serrures n'est remarquable que

par son exécution et sa solidité : c'est une des meilleures
pièces de serrurerie mises dans le commerce. L'autre se
distingue par la composition ; elle est à secret : nous ne
pourrions donc la décrire sans lui ôter son prix. Elle
porte un pêne fourchu, un bec de canne et une barre
de nuit. La clé occupe l'imagination, les dessins du panneton ne donnent aucune idée des garnitures. Toute la
serrure est un vrai modèle ; les pièces en sont forgées,
limées et ajustées avec un grand soin ; les ressorts sont
excellens. Le cadenas répond de tout point aux serrures.
Les trois morceaux de M. Bouet prouvent qu'il doit être
rangé parmi nos premiers serruriers.

La pendule à carillon que M. Clément, de Vimont, a
exposée sous le n.° 27, a souvent attiré l'attention du
public. Les airs qu'elle rend sont justes, harmonieux et
bien notés. Elle peut servir, dans beaucoup de circonstances,
aux plaisirs de famille, et être donnée en exemple pour
les grandes horloges à carillons placées dans les clochers.

M. Gauthier père a présenté, sous le n.° 249, une horloge qui convient pour une commune, un château, une
grande manufacture. Elle est horizontale, et pourrait être
enfermée dans une boîte de quatre pieds cubes. On peut
lui donner un timbre de cent kilogrammes, dont le son
serait entendu à une lieue au moins. L'échappement est
à repos. Le mouvement est transmis au cadran par des
tringles de renvoi et des genous, et l'on peut donner à
ce cadran quatre pieds de diamètre. M. Gauthier a prouvé
de nouveau par son horloge, qui est exécutée avec un
grand soin, qu'il connaît à fond l'art du serrurier-mé-
canicien et de l'horloger. Il est rangé depuis long-temps
parmi les premiers artistes du département, et vous avez

déjà eu lieu plusieurs fois de lui accorder des témoignages
de la considération qu'il mérite.

M. Jouau a exposé, sous le 305, une clé de fantaisie,
où il a montré à quel point de perfection il pouvait exécuter les ouvrages de serrurerie. Cette clé est forée ; on
voit, au milieu du trou, une broche et deux ronets formés
à même le fer. La garniture d'entrée du panneton est
à bâtons rompus. Toutes les parties de la clé sont d'une
régularité parfaite ; le travail de lime est excellent. M.
Jouau mérite des éloges.

L'ébénisterie n'était point encore exercée, ou l'était
fort peu, il y a quinze ans, dans le Calvados : tous les
beaux meubles étaient tirés de Paris. Elle occupe aujourd'hui plus de cent bons ouvriers à Caen, et y fait faire
par an un commerce d'au moins 200,000 fr. qui y sont
consommés presque entièrement en main-d'œuvre ; elle
ne s'arrêtera point ; on est fondé à l'assurer, quand on
considère les produits mis à l'Exposition, sur-tout le
billard et la table de M. Baunier, inscrits sous le n.° 36.
Ces deux objets ont été véritablement admirés du public :
le travail de l'ébéniste est parfait ; les pièces sont assemblées avec beaucoup de soin ; les moulures, les ornemens sont d'une régularité remarquable. Mais ce sont
particulièrement les incrustations qui ont fait plaisir.
Elles ont une grande pureté ; les dessins qu'elles forment
sont d'un bon goût. Tous les dessins ne pourraient pas
être employés avec le même succès dans l'ébénisterie ;
c'est au découpeur à choisir ceux qui conviennent le
mieux pour les instrumens et le bois qu'il emploie ; mais
il doit à son tour se former aux leçons des bons dessinateurs, aux exemples gracieux donnés par les Persier et

les Fontaine. S'il est obligé quelquefois de rendre les monstruosités que le goût gothique des acheteurs lui impose, il doit réserver des pièces qui décèlent le fruit qu'il a tiré de ces leçons ou de ces exemples, et montrer qu'il peut toujours revenir dans la bonne voie. M. Baunier a fait preuve d'un grand discernement à cet égard. Qu'il persévère, sa réputation s'agrandira, et il aura rendu chez nous des services signalés à son art.

M. Hubert-Blondel a présenté, sous le n.° 84, deux billards que le public a également bien remarqués. Tout y est bon. On voit que les ouvriers qui les ont exécutés sont habiles : les montures, les incrustations ont toute la régularité, toute la solidité, toute la pureté qu'on désire ; il ne peut sortir maintenant que d'excellens ouvrages des ateliers de M. Hubert-Blondel. Une de ces pièces se distingue par une forme nouvelle : c'est une espèce de berceau soutenu sur un pied où l'artiste a placé quatre dauphins pour support. Cette forme légère est agréable : votre Commission a dû l'approuver ; car les billards ordinaires sont plus massifs, plus lourds que leur caractère de solidité ne le comporte. On a demandé à M. Hubert-Blondel un billard qui n'occupât que des espaces rigoureusement suffisans, et qui pût être placé dans des pièces qui ne sont pas exclusivement destinées au jeu : le problème est résolu, sauf la variété dans la nouvelle forme ; et l'on est autorisé à dire que si une exécution soignée et les dessins précieux peuvent faire entrer les billards dans des appartemens meublés avec richesse et avec goût, il faut faire un second pas, en donnant à ces objets des formes gracieuses et légères. La solidité ou la stabilité n'en sera point écartée ; l'art a

tous les moyens nécessaires pour la produire : on peut
se reposer sur lui.

Mais M. Hubert-Blondel a d'autres titres à la considération publique ; il sort en même temps de ses ateliers
de grands et nombreux ouvrages de menuiserie qui par-
tagent les soins de l'ébéniste. Nous ne vous rappellerons
point, Messieurs, l'importance que la menuiserie a acquise
dans le département ; nous ne vous ferons point remarquer
les progrès que cet art y a faits depuis un petit nombre
d'années ; combien les leçons de goût et de construction
données par des professeurs ou des artistes distingués,
ont régénéré nos meubles, nos lambris. Vous voudrez,
Messieurs, aider M. Hubert-Blondel et ses confrères à
chasser de nos demeures les restes de barbarie, à proscrire
les ouvrages grossiers qui déshonorent encore notre siècle.

Nous ne passerons point sous silence les pièces d'é-
bénisterie que M. Isabelle a exposées sous le n.° 57. Ce
sont deux commodes et deux secrétaires. Ces pièces sont
exécutées par le fabricant lui-même, avec un soin et une
habileté qui ne sont point surpassés dans les beaux ateliers que nous venons de faire connaître. Elles ont été
jugées favorablement par le public, auquel votre Commission a dû s'empresser de se réunir.

La Société doit des remercîmens à d'autres ébénistes
qui ont enrichi l'Exposition :

A M. Lunel, qui a offert, sous le n.° 41, un coffret
funéraire en ébène avec incrustations en argent. Cet objet
est exécuté aussi avec un grand soin. Des formes et des
ornemens simples et sévères lui impriment le caractère
qu'il doit avoir. Il est destiné à perpétuer de grands souvenirs et la vénération qui doit entourer les familles illus-
tréea

trées par leurs hauts faits , leur génie ou leur bienfaisance;

A M. Morin , pour la jolie corbeille de mariage qu'il a exposée sous le n.º 132. Le bon goût et une exécution parfaite distinguent éminemment cet objet.

MM. le Comte-Goueffin de Caen , et le Bourque de Bayeux , ont enrichi aussi l'Exposition , sous les n.ºˢ 55 et 151 , par des meubles qui prouvent à leur tour combien l'ébénisterie est utile dans notre pays , et combien elle doit y être encouragée.

Il ne faut point oublier M. Leroux , dont les meubles , inscrits sous le n.º 33 , méritent des remercîmens.

On voit , sous le n.º 128 , une cheminée de marbre français et une fontaine présentées par M.ᵐᵉ Faye. La cheminée est un modèle. Les formes et les moulures en sont d'un bon goût et d'une grande pureté ; le poli est excellent et fait très-bien ressortir les couleurs et le grain fin de toutes ces pièces. Le marbre est isabelle : c'est le beyréde de la vallée de *Sarrancolin*. Les nuances ont été tellement assorties , que la cheminée paraît de loin avoir été taillée dans un seul bloc. Cet ouvrage peut certainement être placé dans les chambres et les cabinets les plus riches. La fontaine est un filtre soigné , mais incomplet.

M.ᵐᵉ Faye a dans ses magasins d'autres appareils qui servent non-seulement à filtrer l'eau , mais encore à la désinfecter. Ce second procédé consiste à faire combiner avec du charbon de bois réduit en poudre , les gaz qui produisent l'infection. Qu'aurait dit , qu'aurait fait le peuple au moyen âge , s'il avait vu changer tout-à-coup une eau salé , corrompue , fétide , en une eau pareille à celle des sources les plus pures ? Ce changement n'étonne point aujourd'hui , même dans les pays les plus ignorans, les œuvres de l'homme sont reçues comme celles de l'Être qui a tout créé ; on ne les comprend pas, mais on s'empresse de les mettre à profit, lorsqu'elles sont présentées. Le moyen de désinfecter l'eau doit donc être propagé. Puisse-t-il être un jour assez étendu, assez perfectionné pour purifier dans les pays de plaine les réservoirs, les mares, où les animaux des grandes exploitations agricoles ne s'abreuvent en été qu'en gagnant des maladies souvent incurables ! Nous vous prions, Messieurs, de remercier Mme Faye, qui peut répondre à toutes les demandes qui lui seront faites.

L'utilité et la célébrité des ouvrages de science ou de littérature les fait regarder avec une sorte de vénération, et on aime à les distinguer par un extérieur recherché. La reliure de luxe doit ses progrès à ce sentiment. M. le Danois, relieur, a prouvé par les trois volumes qu'il a exposés sous le n.° 140, qu'il pouvait contenter le goût le plus sévère. Sa reliure est très-soignée, sur-tout dans l'œuvre de de Bras ; il semble qu'il ait voulu, en choisissant notre naïf et savant historien, attirer davantage votre intérêt et votre justice.

La couverture des *Recherches et Antiquités de la Neustrie* est en maroquin véritable ; le livre est doré partout ; les ornemens ou les dessins sont bien choisis, et sont sur-tout exécutés avec beaucoup de pureté et de régularité ; le dos est brisé, on a pu feuilleter l'ouvrage sans altérer aucunement la dorure de la tranche qui est toujours très-brillante ; la transfilure est à rubans et très-correcte ; les gardes sont en soie et entourées de vignettes en or.

Nous ne pouvons pas, Messieurs, vous détailler ici tous

les soins, toutes les précautions que M. le Danois a mis
dans son travail; il faudrait parcourir toutes les parties
de l'art du relieur qui sont très-étendues et que M. le
Danois connaît et pratique toutes également. Nous devons, pour compléter votre opinion, recourir à la réputation que cet habile artiste a acquise parmi nous
depuis long-temps, et aux ouvrages qu'il a fournis aux
bibliothèques les plus précieuses du département. Mais
nous sommes fondés à demander pour lui des témoignages d'estime et de bienveillance.

M. Cauville a offert, sous le n.° 8, des registres de
comptabilité que tous les commerçans ont fort distingués.
Ces registres, sur-tout le plus grand, sont achevés : ce
sont de véritables modèles. Ils résistent très-bien à toutes
les épreuves auxquelles on veut les soumettre ; la couverture et les feuillets n'éprouvent aucune altération dans
ces épreures, et les comptables sont assurés que leur
travail sera toujours présenté et conservé avec la régularité
qui lui est nécessaire.

M. le Cresne a donné aussi, sous le n.° 7, de pareils
registres dont on a été satisfait. Cette maison recomman-
dable répond depuis long-temps, à juste titre, à la
confiance publique, et mérite des remercîmens.

La pharmacie renommée de M. de Courdemanche a
fourni à l'Exposition, sous le n.° 108, des échantillons
d'eaux gazeuses. Nous ne pouvons mieux faire ici,
Messieurs, que de vous rappeler le jugement qui a été
porté sur ce produit par une de vos Commissions dans
votre séance particulière du 15 janvier 1830.

« Les eaux acidules gazeuses de M. Decourdemanche
» résultent de la combinaison de cinq parties de gaz

» acide carbonique et d'une partie d'eau purifiée. La
» médecine les emploie tous les jours avec de grands
» avantages. Elles moussent et pétillent par l'agitation ;
» elles jouissent d'une limpidité parfaite. Leur saveur
» aigrelette et piquante les a rendues un objet de luxe ;
» elles forment une boisson agréable et rafraîchissante ,
» soit seules , soit mêlées avec du vin ou avec un sirop.
» Les eaux gazeuses ne se trouvent point dans la nature
» avec cet état de simplicité ; mais en y joignant diffé-
» rens sels , on leur fait acquérir les propriétés et les
» vertus des eaux naturelles de Seltz , du Mont-d'Or ,
» de Vichy , de Sedlitz , etc. L'eau employée par M. De-
» courdemanche est l'eau de rivière , de pluie ou de
» neige. Elle est purifiée dans un vase où elle traverse
» une couche épaisse de sable fin et de charbon.

» M. Decourdemanche peut fabriquer de dix-huit à vingt
» mille bouteilles d'eaux gazeuses par an. Il en tirait , par
» an , de Paris , quatre mille bouteilles qui lui revenaient
» à 87 centimes chacune et qu'il vendait 1 franc. Il
» s'en consomme de dix à douze mille bouteilles dans
» le Calvados et la Manche et dans une partie de
» l'Orne. Vous apercevrez déjà , Messieurs , les avan-
» tages qui vont résulter de ce nouvel établissement :
» au lieu d'un franc , M. Decourdemanche donne ses
» eaux gazeuses à 75 centimes la bouteille. Les pharma-
» ciens qui s'approvisionnent chez lui , n'auront plus à
» acquitter des frais considérables de transport , et pour-
» ront proportionnellement diminuer leur prix. Les con-
» sommateurs gagneront encore sur la qualité des eaux ,
» qui perdent de leurs propriétés par le mouvement et
» l'agitation que le transport leur fait subir. »

Nous devons donc de la reconnaissance à M. Decourdemanche pour avoir enrichi notre Exposition d'un des
produits les plus intéressans de sa pharmacie.

Les corsets ont constamment excité les plaintes des
médecins et des artistes qui représentaient que l'hygiène
et le goût ne permettaient pas de substituer à des formes
où l'harmonie et la grâce régnent naturellement, celles
qu'une imagination dépravée enfante à plaisir. Rousseau,
qui a pris tant d'ascendant sur les femmes, n'a pu cependant leur faire abandonner ces entraves gothiques,
ces multitudes de ligatures qui contrefont plutôt la taille
qu'ils ne la marquent. « Il n'est point agréable, dit-il,
» de voir une femme coupée en deux comme une guêpe ;
» cela choque la vue et fait souffrir l'imagination. Tout
» ce qui gêne et contraint la nature est de mauvais
» goût. Cela est vrai des parures du corps comme
» des ornemens de l'esprit : la vie, la santé, la raison,
» le bien-être doivent aller avant tout ; la grâce ne va
» point sans l'aisance ; la délicatesse n'est pas la langueur,
» et il ne faut pas être mal-saine pour plaire. On excite
» la pitié quand on souffre ; mais le plaisir et le désir
» cherchent la fraîcheur de la santé. »

Si MM.^{mes} Lair et Lompré se sont bien pénétrées de
ces observations de l'ami le plus dévoué, le plus éloquent
des femmes ; si elles ne se sont pas rendues complices
de celles qui veulent toujours s'enfermer dans d'horribles
ligatures ; si leurs corsets ne sont destinés qu'à conserver
des objets où le type de la beauté est vivement empreint ;
recevons les produits qu'elles nous offrent ; repoussons-les
au contraire, si elles veulent perpétuer des souffrances et
dégrader l'œuvre le plus parfait de la nature. Le corset

de Mme Lompré a été examiné par un de nos savans médecins, qui a déclaré que ce produit de l'art ne renferme ni busc ni baleine, mais seulement des tiges élastiques qui lui donnent beaucoup de souplesse et une grande facilité à se prêter aux inflexions du corps dont il fait bien ressortir les contours, et qu'il diffère ainsi beaucoup des corsets ordinaires qui ont pu devenir pour bien de jeunes personnes la source de graves maladies.

Un autre médecin a déclaré que dans le corset de Mme Lair les proportions sont bien établies entre la portion thoracique et la portion abdominale de cet appareil ; que la compression exercée étant uniformément répartie, ne peut gêner ni le développement des mouvemens du torse, ni le jeu des organes qui y sont renfermés, ni l'accomplissement des fonctions qu'ils sont appelés à remplir ; qu'enfin les lamelles de baleine placées au haut de la partie postérieure correspondant à la région scapulaire, et disposées en éventail (modifications dont Mme Lair réclame l'honneur), ont l'avantage de ne porter que sur l'omoplate.

Dans cet état de la fabrication et d'après ces avis, nous devons adresser des remercîmens à MM.^{mes} Lair et Lompré, mais en les priant toutefois de suivre religieusement les conseils qu'elles ont déjà sollicités et reçus.

Les pièces du n.° 3 montrent que M. Bougy a mis en pratique avec beaucoup de succès le procédé donné par la chimie pour blanchir les dentelles sans les déformer, et sur-tout sans les altérer. Nous n'avons pas voulu et nous ne ferons pas connaître ce procédé, parce que nous ne devons point priver M. Bougy des dédommagemens et des justes bénéfices qui lui sont dus ; mais nous dirons qu'un grand service est rendu à la fabrique de dentelles : de malheureuses et trop nombreuses ouvrières qui , malgré elles , ternissaient leur fil et se trouvaient exclues des ateliers en renom , auront désormais le salaire qu'elles méritent.

M. Bougy doit être distingué encore par les couleurs solides , vives ou brillantes qu'il donne au fil d'Ecosse employé à la fabrication des gants et au fil noir des dentelles. Ces procédés manquaient à l'industrie du Calvados qui a été forcée jusqu'ici de recourir aux teintureries étrangères.

Enfin M. Bougy a trouvé le moyen de reteindre en perfection les fonds des schalls de prix sans endommager les bordures , et même en avivant les couleurs des dessins. Vos commissaires ont vu avec plaisir quelques-uns de ces schalls qui attestent l'habileté du teinturier. Ils ont lieu de croire que le public confirmera leur opinion. Vous voudrez donc , Messieurs , donner à M. Bougy les encouragemens et les témoignages d'estime qu'il mérite.

On voit , sous le n.° 3o , des échantillons de mortier hydraulique. Ce produit de l'art est précieux ; il est le fruit des recherches longues et laborieuses d'un ingénieur des ponts et chaussées , M. Vicat , que les savans se sont empressés d'adopter , mais dont la brillante découverte , qui n'est plus contestée , n'a pas encore produit les grandes améliorations qu'on doit en attendre. Avant cette découverte on entendait priser et regretter vivement le mortier des Romains que le moyen âge avait laissé perdre , malgré les immenses monumens de cette période. Le mortier hydraulique est retrouvé. La chimie , qui nous a donné tant de procédés merveilleux , lui a même fait approprier toutes les chaux , ce que les Romains ne connaissaient pas , et il n'est encore introduit chez nous que dans les travaux publics ! On le repousse des constructions particulières ! Ne serait-on pas fondé à nous accuser d'imiter le moyen âge que nous blâmons , de partager son incurie ? Le public ne sait pas , à ce qu'il paraît , que la chaux est hydraulique à Fontenay-Pesnel , à Longraye , à Hottot , à Subles , à Crouay , au Grand-Vey ; il ne sait pas que l'on consomme d'énormes quantités de cette chaux pour amender les terres cultivées, et qu'il faut seulement employer moins d'eau et corroyer avec plus de force que de coutume pour obtenir avec elle un mortier qui prend promptement , et dans toutes les circonstances , la dureté de nos pierres calcaires ordinaires. La nature nous a mieux partagés que d'autres départemens , et le mortier de nos citernes , de nos fosses , de nos mines , de nos fondations dans l'eau , de nos couvertures , ressemble encore , par la désolante apathie de nos ouvriers, à la boue des voies publiques, et n'a pas plus de consistance qu'elle. Que manque-t-il donc pour amener dans toutes les constructions l'importante amélioration que nous signalons ? Le pont de Vaucelles et le long mur de quai qui en est attenant , ont été construits depuis 1823 avec du mortier hydraulique dont la chaux était prise aux fourneaux de Fontenay-Pesnel ; et vous avez sous les yeux des échantillons qui montrent l'extrême dureté de ce mortier. Vous pouvez donc être suppliés , Messieurs , d'employer toute votre influence pour l'étendre dans le Calvados , et pour y rendre les ouvrages de maçonnerie plus solides et plus durables.

M. Mancel, libraire, a exposé, sous le n.º 124, l'ouvrage de Ducarel, traduit par M. Léchaudé-d'Anisy, et les *Recherches sur la tapisserie de Bayeux*, par M. l'abbé Delarue. Mais les ouvrages que M. Mancel a donnés aux savans sont bien plus nombreux. Il a contribué éminemment, depuis quinze ans, à faciliter l'étude et la connaissance des monumens du moyen âge dont notre pays abonde : c'est lui qui a publié les mémoires si instructifs, si intéressans de la Société des Antiquaires de Normandie ; c'est lui qui va enrichir les premières bibliothèques de l'Europe du dernier ouvrage que M. l'abbé Delarue a fait sur les Bardes, les Jongleurs et les Trouvères, et qui mettra le sceau à l'illustration de ce profond archéologue. Voilà des titres à notre reconnaissance.

M. Poisson, imprimeur, s'est associé à M. Mancel pour publier les ouvrages d'archéologie dont ce libraire s'est rendu l'éditeur. Une feuille des *Essais sur les Bardes, les Jongleurs et les Trouvères* est mise à l'Exposition sous le n.º 284, et montre les soins éclairés et attentifs apportés dans l'impression de ce bel ouvrage. M. Poisson soutient depuis long-temps chez nous la réputation que l'art typographique s'est acquise : qu'il reçoive donc ici nos remercîmens et des témoignages de notre considération.

L'imprimerie de M. Chalopin, qui prend le n.º 109 de l'Exposition, doit aussi être remarquée dans la nouvelle édition des *Origines de Caen par de Bras*. Cet ouvrage précieux devait nécessairement faire distinguer les arts employés à sa publication. Vous voyez, Messieurs, que la même imprimerie donne aux savans et aux artistes le moyen de faire lithographier des dessins ; que ce qui en sort est excellent ; que les personnes chargées de des-

siner sur la pierre sont habiles , et que le tirage est
fait avec beaucoup de précautions et de succès.

L'essor admirable que les arts et les sciences ont pris
depuis quelques années dans l'arrondissement de Falaise ,
a fait établir dans cette ville une autre imprimerie pour
la lithographie. Elle est dirigée par M. Guesnon , et vous
pouvez juger par les excellens dessins exposés sous le n.°
193 , quels progrès elle a faits.

M. Salles a eu l'heureuse idée de faire indiquer les plus
petites divisions d'un sextant par un rouage semblable à
celui des montres. Cet instrument est exposé sous le n.°
295. Si l'expérience confirme la méthode de M. Salles ,
il aura rendu un nouveau service à la navigation dont
le perfectionnement l'occupe sans cesse.

M. le Bas a donné , sous le n.° 6 , un beau dessin
pour une écharpe en blonde. C'est un guide invariable
pour les ouvrières. Elles ne peuvent , avec des détails si
complets , mettre des différences dans les morceaux exécutés par plusieurs mains , et qui doivent être réunis. Ce
dessin est léger , élégant et doit plaire.

Des remercimens doivent être faits aussi à M. Lemâle
pour le beau dessin de voile ou de fichu qu'il a donné
sous le n.° 26.

On a remarqué avec le plus grand plaisir les charmans
ouvrages en cheveux que M. Lemonnier de Bayeux a offerts
sous le n.° 156. On ne pouvait y mettre plus d'adresse
et de goût. Ces ouvrages , frivoles en apparence , devien-
nent cependant très-précieux par les souvenirs qu'ils conservent ; ils soutiennent un culte qui ne s'éteindra jamais
chez les nations civilisées , celui d'êtres chers que la mort
a frappés. Sous ce rapport , M. Lemonnier doit avoir une

part dans nos sentimens de reconnaissance pour ceux qui créent ou perfectionnent les arts.

On a remarqué aussi des ouvrages de même nature exposés par M. Bertrand, sous le n.º 318 ; par M. Bréard, sous le n.º 18 ; par M. le Camus, sous le n.º 279 ; et par M. Lefoye, sous le n.º 281.

On a remarqué enfin les toupets exposés, sous les n.ºˢ 274 et 333, par MM. Bonnard et Séguin, coiffeurs. L'hygiène attache beaucoup de prix à ces objets qui suppléent à des pertes pénibles que l'âge ou des maladies font éprouver : que les auteurs reçoivent nos remercîmens.

Les cadres que M. Monin a exposés sous le n.º 215, méritent vos éloges. Les dessins en sont excellens, ils peuvent contenter tous les goûts ; la dorure en est parfaite. Vous savez, Messieurs, les services que M. Monin a rendus et rend tous les jours aux arts du dessin. Nous nous faisons un plaisir de le citer ici de nouveau.

MM. Messire et Chevalier ont présenté à leur tour, sous les n.ºˢ 45 et 107, des objets semblables qui doivent être distingués ; ils méritent vos éloges et la confiance du public : enfin nous ne serons plus tributaires de Paris pour ces produits de l'industrie.

Vous porterez intérêt, Messieurs, à M. Morand qui, tout privé de la vue, a fait de charmans ouvrages d'ivoire renfermés dans une boîte exposée sous le n.º 51.

Le morceau d'écriture, que M. Crespin a présenté sous le n.º 35, est un des beaux modèles qu'on puisse donner dans un de nos arts les plus importans. M. Crespin s'est rangé depuis long-temps parmi les premiers maîtres dans les Expositions précédentes, et vous voyez qu'il conserve ce rang. »

On doit des remercîmens à Mlle L.... Caroline (n.°
309) ; à M. le Provost (n.° 32) ; à M. Sarasin (n.°
256) ; à M. Lavigne (n.° 261) ; à M. Brunet (n.° 317) ;
et à M. Paris (n.° 350) , pour d'autres morceaux que le
public a vus avec beaucoup d'intérêt.

Les fauteuils et les chaises présentées par Mme veuve
Beuron sous le n.° 38 , ont attiré l'attention ; ils sont
faits avec beaucoup de soin et de solidité. Cette dame
doit nécessairement être un des meilleurs soutiens de ce
genre d'industrie et recevoir nos éloges.

Nous les devons aussi à MM. Hubie , Bahour , Hébert
et Lefoulon , pour les articles de même nature qu'ils
ont exposés sous les n.° 134 , 63 , 87 et 135. Nous
ferons remarquer que la perfection des chaises de Caen
les fait demander par les départemens voisins , et qu'elles
sont l'objet d'une branche de commerce très-importante
pour le Calvados.

M. Tassin et M. Maizeray ont exposé , sous les n.°° 138
et 64 , des fauteuils et des chaises garnies dont le public
a dû être satisfait. Ces objets sont exécutés avec beaucoup de soin , de goût et de solidité.

M. Picquenot , sculpteur à Caen , doit nécessairement
contribuer par ses cartons-pierre et plâtre à purger de
leurs défectuosités les ornemens de nos lambris et de
nos meubles. Ces objets , qu'il a exposés sous le n.° 39,
sont de bons modèles ; ils montrent que ces cartons
méritent , à tous égards , d'être encouragés et propagés.

On ne peut voir d'objets de sellerie plus parfaits que
ceux qui sont exposés par M. Maréchal , sous le n.° 88.
Les formes de ces objets et les coutures ont fait le plus
grand plaisir. M. Maréchal a prouvé de nouveau qu'il a

gagné à juste titre la réputation dont il jouit depuis
long-temps dans un pays où l'équitation fait chaque jour
de nouveaux progrès, et qui a des rapports si intimes
avec notre agriculture.

MM. Moutiers et Durand de Lisieux, fabricans de tulle
très-recommandables, ont fait connaître, sous le n.° 20,
un perfectionnement qu'ils proposent d'introduire dans
leurs machines. Il nous a paru remarquable et digne
d'être encouragé. Nous avons lieu d'espérer qu'il sera
adopté, et qu'il reparaîtra dans la prochaine exposition
appuyé par l'expérience.

Les jolis modèles d'escalier présentés, sous le n.° 115,
par M. Hurel, menuisier à Caen, prouvent combien il
met de perfection dans les ouvrages qu'il exécute, et combien il mérite la confiance que nos premiers fabricans
lui accordent. Nous devons, Messieurs, vous prier de
lui donner des témoignages d'intérêt.

Son frère, M. Hurel, demeurant à Paris, a envoyé à
l'Exposition un autre modèle qui a vivement excité l'attention des marins et des constructeurs de navires : c'est
une chaloupe, dont la forme, la légéreté et la solidité
la font employer en mer à des courses dont la rapidité
et la hardiesse étonnent l'imagination. Nous devons,
Messieurs, attirer spécialement vos regards sur ce produit précieux de l'industrie maritime.

Le modèle d'escalier en bois d'if et en faux ébénier,
que M. Bayeux a exposé sous le n.° 19, doit être rangé
parmi les objets les plus jolis que nous avons sous les yeux.
C'est ainsi que l'on contribue à perfectionner les arts et
à les rendre plus utiles.

M. Villiard, tourneur, a présenté, sous le n.° 90,

une colonne de bois creuse, dressée sur un plateau ; tournant sur elle-même au pied, dans une emboiture d'étui ordinaire, et destinée à conduire l'eau qui arrive par un tuyau placé plus bas, et par un trou fait à travers le plateau. Au milieu de la colonne est une sphère que le conduit traverse, et qui est coupée obliquement. La section de la demi-sphère supérieure tourne sur celle de la demi-sphère inférieure, en sorte que la partie supérieure de la colonne peut prendre toutes les inclinaisons, et que par ce mouvement, combiné avec celui de rotation horizontale, on dirige dans tous les sens l'eau sortant du conduit. M. Villiard n'a point fait connaître l'agencement des deux demi-sphères, il projette d'en tirer un profit. On doit le féliciter sur le moyen qu'il présente pour obtenir le mouvement double, et dont il réclame l'invention.

M. Emmanuel Osmont a présenté, sous le n.° 344, une machine à forer le fer. Les pièces forées par les machines ordinaires sont tenues dans un étau ; mais il fallait avoir le moyen de travailler celles qu'on est forcé de poser sur l'établi. M. Osmont l'a trouvé, et il l'emploie avec succès dans son atelier. La nouvelle machine a trois mouvemens, et cependant elle est très-simple. La description complète n'en peut être donnée ici, et puis on devrait adopter de tout point celle que l'auteur a faite lui-même avec méthode et clarté, et qu'il a appuyée par un excellent dessin : c'est ainsi qu'on parle le langage de la science et qu'on sert d'exemple. M. Osmont mettra, sans doute, la dernière main à son ouvrage d'ici à la prochaine exposition. Nous vous prions, Messieurs, de l'engager à se présenter de nouveau devant vous et devant le public pour recevoir les nouvelles félicitations qui lui seront dues.

M. Labbé, mécanicien à Honfleur, vous a offert une nouvelle machine pour élever l'eau. Il n'en a point fait connaître la composition : elle était enfermée dans une boîte. Quelques objections lui ayant été faites, il s'est retiré, en promettant de reparaître plus tard avec des explications convaincantes.

M. le More, tourneur et pompier, demeurant à Caen, rue aux Lisses, a offert, sous le n.° 340, un appareil très-simple pour diriger le long des parois d'une cheminée l'eau qu'on emploie pour éteindre le feu de la suie, et dont une grande partie tombe aujourd'hui sans produire d'effet utile. M. le More a rendu un grand service. On désire que MM. les officiers des pompiers examinent et adoptent cet appareil.

MM. Lefèvre, père et fils, doivent être remerciés pour les deux boîtes de montre qu'ils ont exposées sous le n.° 152 : ils ont fait connaître leurs talens et les titres qu'ils ont à la confiance publique.

Les nombreux objets mis à l'Exposition, sous le n.° 233, par M. Bilheust, pompier, sont bien exécutés ; ils doivent produire très-bien les effets qu'on en attend, et gagner à ce fabricant la confiance des personnes qui désirent d'avoir une distribution d'eau bien entendue.

Le petit baquet sans cercles, mis à l'Exposition par M. le Provost sous le n.° 336, a été remarqué. Cet objet prouve que celui qui l'a fait s'attache à perfectionner son art, et qu'ainsi il ne sort que de bons ouvrages de son atelier.

M. Gien doit être remercié pour la belle tabatière à secret qu'il a exposée sous le n.° 303.

L'alidade présentée, sous le n.° 285, par M. le Roy de la Maladrerie, annonce une grande expérience de la levée des plans destinés aux usages ordinaires. Ce nouvel instrument se perfectionnera et s'étendra par la pratique. Nous pensons, Messieurs, que vous pouvez encourager M. le Roy par des remercîmens.

Votre Commission a examiné avec beaucoup d'intérêt les formes que MM. Letourneur, Costy et Lecouteux ont exposées sous les n.° 104, 147 et 352. Ces produits de l'industrie ont plus d'importance qu'on ne croit communément. Les chaussures serrées n'ont sans doute pas les conséquences graves des mauvais corsets ; cependant elles attaquent aussi la santé, et l'on peut dire que la beauté factice du pied ne dédommage certainement pas de l'altération produite dans les traits du visage et les mouvemens du corps par la souffrance. Il a paru que MM. les formiers s'attachaient à prévenir ces inconvéniens autant qu'ils pouvaient. Les embouchoirs de M. le Tourneur, qui renferment un nécessaire pour les voyages, doivent être remarqués, si l'on en juge par le joli modèle qu'il en a donné.

M. Costey, ébéniste, a présenté, sous le n.° 278, un bouvet dont la composition et l'exécution doivent être et ont été bien remarquées par les personnes de l'art. On peut faire avec cet excellent outil des rainures de toutes profondeurs, et à toutes distances du bord de la pièce mise en œuvre. Les moyens employés pour produire les changemens sont à la fois simples et sûrs. M. Costey travaille le bois, le fer et le cuivre avec la même habileté, la même pureté, et vous pouvez, Messieurs, le ranger parmi les premiers soutiens des ateliers de menuiserie et d'ébénisterie. Les

Les merveilles de la chimie et les progrès du dessin ne permettent plus, depuis long-temps, de comparer la grotesque porcelaine des Chinois avec celle des manufactures françaises. On ne peut nier l'immense supériorité de celle-ci sans être entraîné par des goûts singuliers ou des travers d'esprit qui s'attaquent à tous les arts, et qui iraient jusqu'à préférer les statues égyptiennes ou gothiques aux statues grecques, ou à celles de notre âge. Parmi ces manufactures, on distingue celle de Bayeux ou de M. Langlois, pour la solidité de ses produits. Ce n'est pas que les formes gracieuses et les bons dessins en soient exclus ; vous pouvez en juger, Messieurs, par les jolies pièces qui vous sont présentées sous le n.° 314. La porcelaine de Bayeux n'a pas la transparence vitreuse qui est trop souvent un défaut grave : elle est fine, elle est dure, elle résiste parfaitement au feu ; elle sert à faire des rouets de poulie pour le gréement des navires, et sous cette forme elle supporte facilement de grandes pressions. Elle est moins chère que les autres, et est ainsi plus utile. Mais il y a long-temps, Messieurs, que vous connaissez parfaitement les travaux de M. Langlois ; nous devons nous borner ici à demander que vous vouliez bien adresser des félicitations à de ses enfans qui soutiennent l'entreprise qu'il a montée admirablement, et qui honore l'industrie du département du Calvados.

Il serait difficile de voir de plus belles préparations de plantes marines que celles qu'a exposées, sous le n.° 125, M. Chauvin, conservateur du cabinet d'histoire naturelle de la ville. Il a su conserver parfaitement leurs couleurs, faire valoir l'élégance de leurs formes et la délicatesse de leur tissu : grâce à son talent , les plantes de la mer peuvent rivaliser d'éclat avec les plus belles productions de nos parterres.

M. Abadie , naturaliste-préparateur , a montré , sous le n.° 122 , qu'il savait faire plus que de conserver les dépouilles des oiseaux : il entend parfaitement leurs attitudes naturelles , et sait , pour ainsi dire , les rendre à la vie.

Nous vous prions d'adresser des remercîmens à Mme le Marinier pour une charmante pelote brodée , portant le n.° 175 ;

A Mlle Fanet , pour un pareil ouvrage , où le nouvel enseignement montre les grands avantages qu'on en peut retirer ;

A Mlle *** , pour un mouchoir où le travail de l'aiguille est très-joli ;

Enfin , à Mme Caling , pour les objets qu'elle a bien voulu donner à l'Exposition , sous le n.° 248. La bourse tricotée en perles a fait beaucoup de plaisir.

Considérations sur l'état actuel de la charrue, et sur les perfectionnemens qu'elle doit incessamment recevoir.

Lorsque les machines utiles sont rassemblées , la charrue doit naturellement être placée dans les premiers rangs et solliciter les soins du savant et du praticien. Mais comment

n'a-t-elle pas encore reçu toutes les améliorations dont
elle est susceptible ? Comment, dans le siècle de l'industrie
qui a créé les machines si belles, si parfaites, si surpre-
nantes de nos manufactures, paraît-elle encore trop souvent
dans nos campagnes avec les formes grossières des temps
d'ignorance ? Et pourquoi, de toutes parts, ces réunions,
ces concours, ces efforts pour la perfectionner ? On doit
voir dans tout cela un fait bien constaté, un besoin
d'amélioration qu'on ne peut plus différer de satisfaire.
On conviendra qu'il faut résoudre des questions ardues
pour obtenir avec précision, ou même par approximation, la figure et la force que doit avoir un corps employé à diviser, à soulever, à renverser la terre, de
manière que cette force soit la plus petite possible. Un
problème analogue est proposé depuis long-temps aux
géomètres pour guider les charpentiers de navire dans la
construction des carènes qui doivent fendre l'eau facilement sous voile. Le soc de la charrue et la proue des
bâtimens de mer doivent être des corps de moindre résistance, et marcher de pair dans les traités de mécanique. Pourquoi donc la science abandonne-t-elle la
charrue à l'empirisme ? Pourquoi ne dirige-t-elle pas
les recherches, les expériences, les jugemens nécessaires
pour perfectionner cet important soutien de l'agriculture ?
Si les Laplace, les Prony, les Gay-Lussac, les Arago, les
Biot, les Fresnel n'avaient pas approfondi les lois des
fluides et des gaz ; s'ils n'avaient pas disséqué la lumière,
aurions-nous aujourd'hui les machines à vapeur et les
phares qui nous transportent d'admiration ? Sont-ce les
essais sans suite, les tâtonnemens de pauvres ouvriers,
ou de personnes qui ont à peine les premières notions

des sciences physiques et mathématiques, qui auraient pu ériger ces admirables monumens du génie de l'homme ?

Théorique est belle, mais pratique la surpasse, est une vieille devise des temps gothiques que M. François de Neufchâteau a élevée avec trop d'assurance dans ses rapports sur les concours de la charrue. On ne conçoit pas cet étrange sentiment d'aversion dans un homme qui suivait son siècle. *Pratique* doit être respectée sans doute ; mais on conviendra qu'elle est essentiellement stérile, qu'elle se débat en vain quand elle rencontre des difficultés, qu'elle s'arrête et qu'elle succombe si *théorique* la délaisse. Ensemble elles opèrent des prodiges ; leur division a perdu la charrue, l'a laissée dans un état qui afflige les amis de la prospérité publique et dont il faut qu'elle sorte ; il faut enfin que les savans s'en emparent, qu'ils recueillent eux-mêmes et qu'ils combinent méthodiquement les observations que les faits et la pratique peuvent leur donner ; qu'ils créent une théorie complète de cette machine suivant les désirs et les demandes de la Société d'agriculture de Paris, et qu'ils l'exposent dans des ouvrages qu'on ne puisse pas remarquer seulement par l'érudition, l'éloquence et l'amour du bien public.

François de Neufchâteau rappelle dans ses rapports qu'avec la charrue de Beyley, conduite par deux chevaux et un jeune homme, on labourait en un jour, dans une ferme du duc de Manchester, un peu plus du tiers d'un hectare de terre argileuse et intraitable, et qu'on ne faisait pas la moitié de ce travail dans la plupart des départemens de la France avec quatre chevaux, un homme et un jeune garçon ; cependant la charrue Beyley est, ce semble, inconnue aujourd'hui parmi les laboureurs français.

La charrue Guillaume, qui a reçu autrefois tant d'éloges, est maintenant oubliée. « Elle présentait pourtant une » économie de forces et de travail si considérable, si juste- » ment appréciée, dit François de Neufchâteau, qu'à » peine l'auteur avait-il le temps et la faculté de satisfaire » aux demandes multipliées qui lui en étaient faites de » toutes parts ». D'où vient donc qu'un si grand nombre d'inventions, d'améliorations qui ont si fort retenti dans le monde, sont écartées ? C'est que ceux qui les avaient présentées, ne connaissant point l'art d'observer, ni de démêler la vérité, prenaient des lois particulières de la nature pour des lois générales ; c'est qu'ils attribuaient à une cause des effets qui ne lui appartenaient point ; c'est qu'ils ne voyaient pas que pour obtenir un avantage, il fallait en sacrifier un plus grand ; c'est qu'ils compa- raient des charrues entières, quand ils ne devaient qu'en comparer des parties ; c'est qu'ils fascinaient les esprits, soit de bonne foi, soit par artifice, afin d'obtenir la satis- faction, la célébrité ou les profits qu'ils recherchaient ; enfin c'est qu'ils trompaient leurs juges, qui à leur tour n'avaient pas les connaissances et la sévérité nécessaires pour remplir la lourde tâche dont ils s'étaient chargés.

Cependant, si des charrues défectueuses ont pu être mises en vogue, on serait fondé à craindre que d'autres mieux conçues eussent été repoussées. Les effets de l'er- reur ou de l'ignorance seraient ici plus graves : ils auraient retardé des améliorations que l'agriculture réclame vive- ment pour faire de nouveaux progrès.

Il convient de justifier ou d'éclaircir ici rapidement notre pensée et nos plaintes par les faits suivans.

Voici ce que M. Bosc, membre de la section d'agriculture

de l'institut, a dit dans le *Nouveau Cours complet d'agri-culture théorique et pratique* :

« En général, on fait en France les roues des charrues
» beaucoup trop basses ; aussi le tirage , quelque régulier
» qu'il soit , fait-il sortir à chaque instant le soc de sa
» direction : il l'enleverait même hors de terre, si le la-
» boureur n'appuyait constamment sur le manche pour
» le tenir au point convenable , ce qui le fatigue en pure
» perte. Cet effet est d'autant plus sensible que le point
» de ce tirage est plus rapproché du soc. Il faudrait donc
» que la grandeur des roues fût telle , que la ligne de ce
» tirage fût toujours au moins parallèle au sol. Il est bon
» de rappeler que la charrue de M. Despommiers , qui
» eut l'avantage dans les expériences comparatives faites
» en 1766 à Châteauneuf-sur-le-Cher , était extrêmement
» élevée. »

Voici maintenant ce qu'avait dit M. François de Neuf-château dans son rapport sur les concours de charrue :

« Presque tous les concurrens sont d'accord que dans
» l'action du labourage la principale résistance se fait à
» la pointe du soc , et que la force part de l'épaule
» du cheval ; mais ils ne sont pas également d'accord
» sur la manière d'appliquer la force à la résistance : le
» plus grand nombre n'est même pas entré dans le détail
» de l'emploi de la force , et s'est contenté de mettre le
» plus d'harmonie possible dans l'assemblage des diverses
» parties de la charrue. D'autres, considérant le soc comme
» un coin , ont pensé qu'il devait , pour ainsi dire , être
» poussé par derrière pour entrer par percussion , et en
» conséquence ils ont dirigé leur ligne de tirage sur le
» talon du sep. Un seul a mis en pratique ce principe ,

» que là où se trouve la résistance , il faut employer la
» force , et son travail a été couronné du plus grand
» succès. » Doit-on , d'après cela , mettre des roues hautes
ou des roues basses aux charrues ? La ligne du tirage
des chevaux qui part de leurs épaules , doit-elle être
dirigée sur le soc où est la résistance de la terre , ou
doit-elle être parallèle au fond du sillon ? Est-ce M. Bosc
ou M. François de Neufchâteau que l'on suivra ? On est
forcé de dire que les plus simples notions de mécanique
auraient pu mettre d'accord ces deux célèbres agronomes.

M. Bosc discute une autre propriété de la charrue.

« L'opinion générale , dit-il , est qu'une charrue pe-
» sante est plus désavantageuse qu'une plus légère ; qu'elle
» fatigue sur-tout davantage les animaux employés. Des
» expériences faites en France semblent la confirmer; mais
» des expériences comparatives faites en Angleterre en
» présense du Comité d'agriculture de Londres , et dont
» on ne peut contester l'exactitude , permettent d'en dou-
» ter. Ces dernières constatent que, sur-tout dans les terres
» légères , le labour s'est fait beaucoup plus aisément
» avec les charrues les plus lourdes , et que les chevaux
» ont été beaucoup moins fatigués. »

En ne recourant qu'à l'opinion générale et à des expériences pour savoir si une charrue lourde est préférable
à une charrue légère , M. Bosc a jeté les laboureurs dans
une incertitude pénible. S'appliqueront-ils à retrancher de
leur charrue tout ce qui n'est pas nécessaire à la solidité
de la machine, ou la chargeront-ils pour empêcher que
les chevaux ne la lèvent ? Il faut espérer que ces questions seront un jour résolues complètement par les seuls
principes de mécanique.

Mais c'est pour la figure de l'oreille que nous pourrions voir à quel point les principes et les méthodes des agronomes diffèrent ; combien la recherche d'un solide de moindre résistance leur est pénible.

Lord Sommerville dit que « sur ses socs le sillon » n'est retourné qu'après qu'il a atteint le point d'action » le plus éloigné ; que par l'inflexion douce et progres- » sive de l'oreille, la terre reste suspendue et balancée pour » ainsi dire dans l'air , et qu'alors la plus légère pression » la renverse. » Ce tableau recherché fait craindre que le solide de moindre résistance ne soit ici que le produit d'une géométrie de sentiment , au lieu d'être celui de la géométrie ordinaire.

M. Arbuthnot , membre de la Société royale et de celle pour l'encouragement des arts de Londres , emploie pour génératrice de la surface de son versoir, tantôt une ellipse , tantôt une cycloïde , sans démontrer que ces deux courbes conviennent à un solide de moindre résistance. Il avoue formellement (nous employons ses termes) que l'oreille est la partie de la charrue sur laquelle les opinions va- rient beaucoup : il préfère l'oreille courbe , mais il dit que la plus usitée est celle qui est droite. La meilleure règle-pratique qu'il connaisse pour donner à l'oreille d'une charrue la forme la plus convenable, est de labourer avec elle l'espace de quelques jours avant de la couvrir de la plaque de fer ; la terre usera elle-même les par- ties trop avancées et remplira les vides qui n'y doivent pas être. Voilà , suivant un des plus forts appuis de l'agronomie, la manière de trouver le soc de moindre résistance : les réflexions abondent.

M. de Jefferson , président des États-Unis d'Amérique ,

s'est occupé aussi, dans ses loisirs, du soc, de l'oreille, du versoir de la charrue.

« L'oreille d'une charrue, dit-il, ne doit pas être
» seulement la continuation de l'aile du soc en commen-
» çant à son arrière-bord, mais encore il faut qu'elle
» soit sur le même plan. Sa première fonction est de re-
» cevoir horizontalement du soc la motte de terre, de
» l'élever à la hauteur convenable pour être renversée;
» d'opposer dans sa marche la moindre résistance pos-
» sible, et par conséquent de n'exiger que le *minimum*
» de la puissance motrice. »

Voilà le problême parfaitement posé; le but qu'il faut atteindre est indiqué sans équivoque.

« Si c'était là, continue-t-il, que se bornent les fonc-
» tions de l'oreille, le coin offrirait sans doute la forme
» la plus convenable pour la pratique; mais il s'agit de
» renverser la motte de terre; l'un des bords de l'o-
» reille doit donc être sans aucune élévation, pour éviter
» une dépense inutile de force; l'autre bord doit au con-
» traire aller en montant, jusqu'à ce qu'il dépasse la per-
» pendiculaire, afin que la motte de terre se renverse
» par son propre poids; et, pour obtenir cet effet avec
» le moins de résistance possible, il faut que l'inclinaison
» augmente graduellement du moment qu'elle a reçu la
» motte de terre.

» Dans cette seconde fonction, l'oreille opère donc
» comme un coin situé en travers ou en montant, dont
» la pointe recule horizontalement sur la terre, tandis
» que l'autre bout continue de s'élever jusqu'à ce qu'il
» dépasse la perpendiculaire. Or, pour l'envisager sous
» un autre point de vue, plaçons à terre un coin dont

» la longueur égale celle du soc de la charrue , et dont
» la longueur soit égale à celle du soc depuis l'aile jus-
» qu'à l'arrière-bout , et la hauteur du talon égale à l'é-
» paisseur du soc. Prenez une diagonale sur la surface
» supérieure , depuis l'angle gauche de la pointe jusqu'à
» l'angle droit de la partie supérieure du talon ; adou-
» cissez la face en biaisant , depuis la diagonale jusqu'au
» bord droit qui touche la terre : cette moitié se trouve
» *évidemment* de la forme la plus convenable pour rem-
» plir les deux fonctions requises , savoir , pour enlever
» et renverser la motte graduellement et *avec le moins*
» *de force possible.* »

Ce n'est point ainsi qu'on trouve des lignes , des sur-
faces qui remplissent des conditions directes ou indirectes
imposées dans un problème ; on exprime ces conditions
par des équations , on se livre ensuite à l'analyse , et
elle donne avec précision , avec fidélité ce qu'on a demandé , ce qu'on attend ; mais il y a trop de témérité
à dire qu'une proposition est évidente quand il aurait
fallu la tirer des profondeurs inaccessibles de la science ,
ou qu'elle n'est pas donnée par Lagrange , Laplace , ou
d'autres savans dont l'autorité supplée des démonstrations.

Les agronomes français n'ont point de méthodes particulières pour faire des socs de moindre résistance , ils se
sont contentés de rapporter celles des étrangers.

Les cultivateurs et leurs charrons n'ont donc pas encore eu des règles , des conseils suffisans pour la construction de la charrue. « C'est vraisemblablement le
» hasard , dit M. Arbuthnot , qui partout a déterminé
» la forme de cette machine , plutôt qu'un choix volon-
» taire. » Cependant il faut admirer les simples labou-

reurs qui, par une sagacité naturelle, sont parvenus à employer avec succès les charrues les plus défectueuses en en disposant convenablement les parties. Le soc se relevait-il ? ils en faisaient fléchir la pointe, afin qu'il trouvât plus d'appui en terre. Le derrière de la charrue était-il poussé à gauche par le versoir ? il était redressé et tenu en ligne droite par la pointe du soc portée davantage du même côté. La ligne de tirage passait-elle dans la charrue simple au-dessus ou au-dessous du point où la résultante de toutes les résistances traversait le soc ? ils descendaient ou remontaient l'extrémité inférieure des traits, pour que les mancherons ne fatiguassent pas outre mesure les bras de l'homme qui les tenait, et souvent la charrue marchait seule. On a pu ainsi, en affaiblissant des défauts, attendre les perfectionnemens demandés à la science depuis long-temps.

Nous devons pourtant reconnaître avec M. Christian, directeur du conservatoire des arts et métiers, « *qu'il y* » *a sur tous les points de la charrue des élémens de* » *résistance si nombreux et si variables, que l'expérience* » *seule peut déterminer le point principal auquel vien-* » *nent aboutir toutes ces résistances, afin d'y appliquer* » *la force avec le moins de perte possible.* Que l'on » recoure donc aux Coulomb, aux Prony, aux Dubuat, » qui savent en même temps observer la nature et fixer » ses lois par une analyse savante et ingénieuse qu'eux » seuls peuvent soumettre. »

Dans cet état des choses on lit avec un vif intérêt l'avis suivant qui donne de grandes espérances, et qui montre que la charrue est tombée enfin dans des mains habiles. Il est tiré du *Calendrier du bon Cultivateur*, où M. Mathieu de Dombasle a déposé de si utiles instructions,

« Dans l'intention d'améliorer encore , s'il était pos-
» sible , la construction de la charrue de Roville , on
» s'est livré , dans le printemps et l'été de 1832, à une série
» d'expériences d'ynamométriques ayant pour but de re-
» chercher l'influence que peuvent exercer sur la résis-
» tance offerte par cet instrument , diverses modifications
» dans sa construction. On a soumis à ces expériences ,
» non-seulement les charrues de diverses espèces que
» l'on construit dans la fabrique de Roville , et les
» charrues ordinaires du pays , mais aussi les charrues
» perfectionnées les plus renommées tant en France qu'en
» Angleterre ; et l'on a disposé à dessein des charrues
» de diverses espèces , avec des modifications dans leur
» construction et dans leur poids , afin d'étudier l'action
» qu'exerce chaque circonstance sur la résistance de l'ins-
» trument , en le faisant travailler alternativement à des
» profondeurs diverses. On a tenu des notes exactes de
» toutes les observations au nombre de plusieurs milliers ,
» ainsi que de toutes les circonstances qui les ont ac-
» compagnées , et presque toutes les expériences ont été
» répétées plusieurs fois , de manière à fournir des
» moyennes qui méritassent toute confiance. On croit
» donc pouvoir considérer ces expériences comme les
» plus suivies et les plus complètes qui aient été faites
» jusqu'ici sur cette matière. Les observations auxquelles
» ont donné lieu ces expériences pourront fournir par
» la suite la matière d'une publication qui offrira vrai-
» semblablement de l'intérêt ».

On va donc dissiper dans l'établissement de Roville le
chaos où la charrue est encore aujourd'hui ; on va la
soumettre enfin à des examens *silencieux* , méthodiques ,

et fondés, sur les véritables principes des sciences physiques et mathématiques, et elle en sortira avec la perfection que cette marche, qui doit écarter toutes les
autres, a fait donner aux machines à vapeur et à celles
de nos admirables fabriques; nous n'aurons plus à l'examiner, à la corriger nous-mêmes, nous la recevrons
comme un des plus beaux présens que les sciences et les
arts puissent faire à l'industrie agricole.

On ne négligera certainement pas les améliorations importantes que Grangé vient d'y faire, et dont nous devons
maintenant vous parler.

On conçoit que Grangé ne pouvait attaquer les grandes
difficultés que MM. Arbuthnot, Jefferson, François de
Neufchâteau, Bosc et d'autres ont été forcés de laisser
dans la théorie de la charrue; il ne pouvait s'occuper
de la recherche des socs, des oreilles, des versoirs, des
seps, de moindre résistance, ni de la meilleure direction
à donner au tirage ou à la force des chevaux.

Voici ce qu'il raconte à peu près en ces termes :

« Je dirai qu'à l'âge de quinze ans, je fus forcé de
» me mettre en condition. Le goût que j'avais pris aux
» choses bien faites me gagna la confiance de mon maître.
» Je fus chargé à l'âge de dix-huit ans du soin et de
» la conduite d'une charrue à six chevaux employée dans
» des terres argilo-calcaires et remplies de grosses pierres.
» Mes chevaux et moi souffrions beaucoup. Mais je re-
» marquai que plusieurs changemens faciles à faire dans
» la charrue nous soulageraient. Je m'adressai au charron
» de mon maître; il ne m'écouta pas. Je consultai d'au-
» tres charrons, ils me repoussèrent aussi; chacun avait
» sa manière et ne voulait pas la changer pour moi, pré-

» tendant qu'elle était la meilleure. Je m'avisai donc de
» refaire mes charrues : c'est de là que me vint l'idée
» d'en construire une qui labourait toute seule sans le
» secours de l'homme. Je me mis à l'ouvrage ; on se mo-
» quait de moi ; on me regardait comme un fou qui
» voyageait de compagnie avec la pauvreté. Qu'importe !
» je m'étais fait une question : Qu'est-ce que je cherche ?
» remplacer les forces de l'homme par des objets en bois
» ou en fer. Qu'est-ce que l'homme fait derrière la
» charrue ? il la soutient dans son équilibre ; il lui fait
» tracer des sillons d'une largeur et d'une profondeur
» égales : il l'empêche de lever , et appuie dessus
» suivant la force de la terre. Voilà tout ce que j'avais
» à faire dans ma nouvelle charrue. Je devais tâcher, en
» outre , qu'elle fût à bon marché , facile à entendre et à
» mener.

» Je commençai par attacher deux chaînes de tir par
» un bout aux côtés de l'âge, et par l'autre bout à l'essieu
» près des roues, pour que la charrue fût dirigée plus
» régulièrement que par un homme. Si elle voulait aller
» d'un côté , la chaîne opposée la retenait.

» Je mis sur l'essieu une sellette qui y était attachée
» par des charnières près de la roue droite. A l'opposé
» de ces charnières était un régulateur en fer et tout
» droit qui traversait l'essieu, montait de huit pouces,
» et était percé de trous assez près l'un de l'autre. Au
» moyen de deux chevilles de fer passées dans ces trous,
» j'élevais la sellette autant que je voulais. Je dressai sur
» la sellette deux montans en bois de deux pieds de haut ,
» de deux pouces et demi d'épaisseur , et de quatre
» pouces de largeur, et unis par une traverse à deux pouces

» du bout. Je fis passer la haye ou l'âge entre ces mon-
» tans , en sorte que je pouvais faire prendre du devers
» à la charrue en élevant ou en abaissant la sellette avec
» ses charnières. Je plaçai entre les montans , sur leur
» traverse , un levier qui servait à l'homme placé au
» mancheron , à lever l'âge par le bout avec une petite
» chaîne , et à retirer le soc de terre quand on voulait
» tourner la charrue. Je plaçai de plus une compresse
» arroidie sous l'essieu , près de la roue gauche, pour lier
» la commensure ou le fourchu avec le mancheron , et
» pour presser à volonté sur le talon de la charrue. Un
» levier passant dans un crampon attaché au côté du
» montant droit de la sellette , et joint par le premier
» bout avec l'âge près du mancheron , tenait par l'autre
» bout l'avant-train levé par une chaîne lorsque les che-
» vaux tournaient.

» En accourcissant une chaîne et en allongeant l'autre ,
» on pouvait labourer dans la largeur qu'on voulait.

» Tous ceux auxquels j'ai fait des charrues s'accordent
» à dire que le tirage est diminué d'un cheval. Si cette
» diminution est bien réelle , je ne dois l'attribuer qu'à
» la tournure et à la position de la charrue et au rap-
» prochement du soc de l'avant-train ; car ma charrue
» laboure pour ainsi dire entre les roues , et tout le
» monde convient que cela diminue le tirage. Mais si
» le tirage n'était pas diminué, je reste convaincu qu'il
» n'était pas augmenté. La nouvelle charrue est préfé-
» rable à l'ancienne pour le prix, car elle ne coûte pas 10 f.
» de plus , et pas 4 ou 5 fr. en faisant en bois ce qui
» est en fer : misère qu'aucun cultivateur ne serait en état
» de sacrifier. »

Nous allons maintenant, Messieurs, vous entretenir des arts du dessin dont votre Commission devait aussi s'occuper.

Nous commencerons par vous prier d'adresser des témoignages de reconnaissance aux professeurs distingués qui ont initié dans ces derniers arts nos jeunes concitoyens, et à ceux-ci de vives félicitations, dirions-nous, des remercîmens pour leurs succès. Ils ont répondu à l'attente publique. Ils sont destinés à faire disparaître ces formes, ces ornemens, ces figures grotesques ou gothiques qu'on reproduit ou qu'on vante encore trop souvent, et à propager les règles du bon goût. Ils atteindront ce but important, soit par leurs propres ouvrages donnés en exemple, soit par leurs conseils, soit par une critique habilement appropriée aux circonstances. Ils sentiront que, pour appliquer avec succès les arts du dessin aux arts mécaniques, le dessinateur doit marcher le premier ; qu'il est plus facile à un dessinateur d'être fabricant, qu'à un fabricant d'être dessinateur. On ne niera pas que si ceux qui ont porté la porcelaine à l'admirable perfection où elle est arrivée, n'avaient pas été d'abord des dessinateurs ou des peintres distingués, faits simples potiers, le but aurait été manqué. Tout le monde naît fabricant ou artisan ; tout le monde ne peut se donner le génie de l'artiste, ne peut distinguer le bisarre, le difforme d'avec le beau ; ne peut découvrir les formes, les ornemens que l'on doit donner à un produit manufacturé pour qu'il obtienne et qu'il fixe la faveur publique. Mais il faut que l'artiste sache manier les outils de l'artisan, qu'il s'affranchisse de l'ignorance routinière et intraitable, et qu'il donne lui-même des modèles aux ouvriers pour

l'exécution

l'exécution de ses idées. Le grand Newton avait fabriqué lui-même les lunettes dont il se servait pour l'astronomie.

Il a paru tout-à-coup à l'Exposition un portrait du Roi, qui a produit une vive sensation et réveillé bien des souvenirs que le voyage de 1833 a gravés parmi nous. C'est une excellente copie faite par M. Guillard, dont les talens croissent rapidement. Le Roi est d'une ressemblance parfaite ; c'est bien son regard pénétrant, son expression de bienveillance et de satisfaction ; c'est sa chair, ses cheveux, son attitude : tout le tableau est harmonieux. Lorsque l'on copie ainsi, on se range naturellement parmi les maîtres ; et M. Guillard a dû compter sur l'approbation, la reconnaissance et l'estime de ses concitoyens.

Une autre production très-remarquable est la copie que M. Luthereau a donnée du tableau de Gérard, représentant Psyché recevant le premier baiser de l'Amour. Cette entreprise était hardie ; M. Luthereau l'a exécutée avec succès ; il a reproduit avec précision le dessin de l'original, et rappelé le coloris suave qui distingue le pinceau du grand maître. Adressons-lui donc de vifs remercîmens, et désirons qu'il avance avec le même bonheur dans la belle carrière où il est entré.

On voit, sous le n.º 42, d'autres portraits sortis d'un pinceau que nous connaissons, et que nous admirons depuis long-temps : c'est celui de M. Élouis, dont les leçons ont répandu le goût des arts et formé d'excellens élèves. Avec quel plaisir on fixe ses regards sur ce respectable professeur qui porte sur sa poitrine la récompense accordée aux éminens services qu'il a rendus à la science ! Que le dessin en est pur ! que le coloris en est naturel ! que la lumière est bien distribuée ! C'est bien là les objets que le peintre a voulu nous présenter.

Sous le n.° 93, sont des effets de neige où la nature a été rendue avec une vérité admirable, avec une harmonie qui décèle la magie de la peinture sous la main des maîtres. Comme cette neige, comme ce jour sont vrais ! Ces productions appartiennent à M. Malbranche : ce sont des modèles précieux pour les élèves qui ont pris plaisir à les suivre.

Une vue de Normandie par le même peintre doit encore être étudiée avec attention ; l'eau et les falaises sont peintes aussi avec beaucoup de vérité.

M. Guillard a offert, sous le n.° 126, plusieurs tableaux qui l'ont fait distinguer de bonne heure. Son torse est un modèle de dessin et de coloris ; l'anatomie y est observée avec la plus grande fidélité : c'est une des richesses de l'Exposition.

M. Horeau a fait un présent en donnant ses quatre tableaux, qui portent le n.° 123. Les copies de la Samaritaine et de la Madeleine montrent un habile pinceau. La carnation est vraie, la couleur est bonne dans toutes les parties, les cheveux et les draperies sont étudiés. Le portrait, qui est un des tableaux, est, dit-on, fort ressemblant ; la pose en est très-bonne.

M. Malherbe père a exposé, sous le n.° 189, des dessins et des tableaux excellens qui suffiraient pour établir sa réputation, si elle n'était pas faite depuis long-temps par des productions antérieures et par des leçons qui ont été fort recherchées. Ses dessins au crayon sont très-soignés, et il peut présenter son esclave comme un excellent morceau d'anatomie que les élèves étudieront avec fruit.

M. Malherbe fils a profité des excellentes leçons qu'il a reçues dans l'atelier de son père et dans celui de M. Gros. Son portrait, son soldat laboureur et ses paysages attestent ses talens ; ils ont été justement appréciés par le public et par les artistes.

M. Touzé prouve de nouveau par ses portraits, exposés sous le n.º 261, et sur-tout par celui d'un jeune homme, que la réputation qu'il a acquise est fondée de tout point. Son dessin est correct, sa couleur naturelle, vraie. Ses excellentes miniatures sont assez répandues pour qu'on soit dispensé de les faire servir ici à rendre à cet artiste toute la justice qui lui est due.

M. Goubert a donné, sous le n.º 142, sept tableaux ou sept sujets qui exigent de vifs remercîmens. Deux portraits ont été principalement remarqués. Ils sont bien peints ; le ton est vrai, les poses sont naturelles : la copie de la *scène* doit être distinguée.

M. de Guer agrandit sa réputation. Sa tête de Christ est très-bien peinte. Sa tête d'atelier doit être admirée. Le dessin en est pur ; elle est bien modelée ; les chairs en sont naturelles et vraies ; la lumière est bien ménagée. Les élèves doivent aussi étudier cette tête avec le plus grand soin et l'imiter.

M. Deshayes a décélé de nouveau dans deux tableaux, exposés sous le n.º 117, combien il savait donner de vérité aux paysages par la perspective linéaire et par la perspective aérienne. Ses lointains sont vaporeux, ses ciels naturels ; et ils peuvent être jugés sciemment, car ils ont été pris dans l'état ordinaire de la nature. Les leçons de M. Deshayes doivent être nécessairement appuyées sur les principes fondamentaux de l'art. Ils paraissent avec clarté dans ses paysages. Un portrait d'enfant, que cet artiste a donné aussi, est plein de grâce et de vérité.

M. Nourichel a enrichi l'Exposition, sous le n.° 112, par des objets nombreux. On a remarqué principalement la vue des bords de l'Odon, à Caen, au-dessous du pont Saint-Pierre. Les talens des maîtres et les efforts des élèves se sont exercés depuis quelque temps sur ce sujet qui a été traité avec plus ou moins de succès. M. Nourichel se distingue dans ce concours. La perspective et le dessin de son tableau sont bons ; l'eau et l'air sont transparens : l'effet total est agréable. Il a peint dans un autre tableau des fruits qu'il a exprimés avec vérité. Enfin il a rendu un service aux antiquaires en conservant par un dessin le souvenir de la grande salle de l'hospice de Caen qui vient d'être démolie, et qui était du 12.° siècle.

On voit, sous le n.° 121, un bon paysage que Mlle Chuppin a donné à l'Exposition. Ce morceau est bien peint ; le feuillé est naturel, l'eau est transparente : l'auteur doit être remercié. M. Chuppin a donné à son tour deux vues à la gouache, qui ont fait plaisir.

M. Bonnel a offert, sous le n.° 24, plusieurs vues ou paysages, entre lesquels on remarque la forêt de Fontainebleau. M. Bonnel met de l'harmonie et de la vigueur dans ses ouvrages ; ses ciels sont naturels et bien fondus. Il laissera à la belle filature de Montaigu un tableau historique qui sera précieusement conservé : il rappellera la visite que le Roi a faite de cette filature en 1833.

On remarque, parmi les tableaux que M. Julien a exposés sous le n.° 69, un portrait bien modelé et bien ressemblant ; une vue des bords de l'Odon où la perspective,

le dessin et la couleur font plaisir ; enfin , l'intérieur
d'une caverne , où l'on voit un brigand bien posé , et
dont l'expression est très-bonne.

M. le Roux a donné , sous le n.º 72 , des bambo-
chades pleines de vérité et fort piquantes. Parmi les tableaux qui ont le même numéro , on remarque celui des
mendians qui fait beaucoup de plaisir. M. le Roux débute
dans l'art du dessin par ces jolies et ingénieuses productions.

M. de Caumont père a présenté , sous le n.º 75 , des
vues, parmi lesquelles on remarque celle de la Seine où un
bateau à vapeur navigue. Il y a beaucoup de vérité et
d'harmonie dans cette production.

M.me Arcisse de Caumont a eu la bonté de donner, sous
le n.º 76 , un paysage parfaitement dessiné , où le loin-
tain est vaporeux , la perspective aérienne naturelle et bien
sentie. Le devant a de la vigueur et est habilement peint. Que
l'auteur reçoive des témoignages de notre reconnaissance !

M.lle de Valeran doit être aussi remerciée pour le joli
paysage qu'elle a donné sous le n.º 78.

On a distingué , parmi plusieurs tableaux qui portent le
n.º 79 et dont l'auteur n'est pas connu , un brigand na-
politain qui est très-bien peint.

M. Bacot fils doit être cité pour un paysage qu'il a
donné sous le n.º 80.

M. Guillauteau a prouvé dans son tableau , portant le
n.º 81 , qu'il savait distribuer la lumière avec harmonie
dans ses productions.

Les deux tableaux exposés sous le n.º 95 ont été donnés
par un ami éclairé des arts , M. Deboislambert. Ils rappellent avec force et vérité un temps héroïque où la gloire

des armées françaises n'avait plus de limites. On aimera toujours ce qui rappellera ces temps.

M. Weil a offert, sous le n.º 98, deux paysages à la seppia. Le dessin y est facile, les arbres excellens et les figures bien posées. Ces productions sortent des rangs ordinaires ; elles décèlent un véritable artiste.

On voit, sous le n.º 217, dix tableaux faits par M. Lottier. La Commission a reconnu dans ce jeune paysagiste un talent naturel et spécial. Elle a distingué surtout une vue de Caen, dans laquelle se trouvent le pont et l'église de Saint-Pierre et la poissonnerie. Cette vue est vraie de dessin et d'effet ; elle est largement touchée ; la couleur en est bonne ; la perspective y est bien sentie ; le ciel, qui est orageux, est bien peint ; le feuillé est naturel.

M.lle Etienne a employé son crayon ferme et soigné pour copier la mort de Napoléon. Ce dessin réveille de grands souvenirs ; il répond au sujet.

M. Vauquelin a donné trois excellens paysages, sous le n.º 159. Ils sont peints avec une grande vérité : c'est bien là la lumière et les ombres qu'on a remarquées mille fois dans les sites rians dont M. Vauquelin a voulu réveiller le souvenir. Il connaît les secrets de l'art. Il n'a point cherché des arrangemens qui laissent une grande liberté ; il a voulu présenter la nature dans son état habituel, et il y a réussi admirablement.

M.lle Lamy s'est fort distinguée dans les trois tableaux qu'elle a donnés sous le n.º 179. Elle doit être rangée maintenant parmi les meilleurs artistes du Calvados. Elle a montré beaucoup de talent dans la copie qu'elle a faite d'une tête de religieuse. Cette production, si bien dessinée et si bien peinte, fait le plus grand plaisir. Mais Mlle Lamy a marché seule dans ses deux autres portraits , où le dessin est correct , les vêtemens soignés et le coloris brillant. Ces objets ont beaucoup attiré les regards du public.

M. Menier de Lisieux s'est fait connaître par trois miniatures et trois portraits placés sous le n.° 213. Son portrait est bien peint et bien ressemblant. Les miniatures sont très-remarquables : on en distingue une sur-tout par le dessin , le coloris et le fini ; elle a dû faire le plus grand plaisir durant l'Exposition.

On doit regretter vivement M. Lesseline , peintre distingué. En effet, on voit, sous le n.° 216, un portrait d'homme et un de femme qui décèlent un beau talent. Les figures sont calmes , mais expressives. Les chairs sont excellentes ; elles annoncent une grande connaissance du pinceau. Les vêtemens sont naturels et bien choisis.

M. Hamelin a donné , sous le n.° 168 , des preuves nombreuses de son talent. Il est sur les traces des maîtres , et tout fait présumer qu'il les atteindra bientôt. Il est inutile d'entrer ici dans de plus grands détails ; l'opinion des artistes va se répandre et attirer sur M. Hamelin la considération publique.

M. Monin a rendu jusqu'à ce jour des services signalés à l'art , par la restauration de tableaux précieux qui étaient dans un délabrement affligeant ; il a véritablement créé de nouvelles richesses. Les difficultés qu'il a vaincues peuvent être jugées dans le tableau n.° 215 , où le dessin et le coloris ont été rétablis parfaitement dans leur ancien état. Mais le tableau du n.° 215 prouve que M. Monin est lui-même un peintre distingué. Une étude et une tête de jeune fille doivent être remarquées. Cette tête est bien dessinée ; son expression fait plaisir ; le coloris en est très-bon.

M. Bunel, qui soutient les arts avec tant de talent et d'ardeur dans les circonstances les plus importantes et les plus difficiles, a voulu payer son tribut à l'art du dessin, en exposant, sous le n.º 232, une marine qui est d'un bon effet général. La brume est légère et naturelle ; les détails et les figures sont très-soignés et bien peints. Ce présent mérite notre reconnaissance.

M. Guernier a présenté, sous le n.º 161, le portrait de M. Chênedollé. Il a réveillé en nous les regrets amères que la mort de ce poëte illustre nous a donnés. Nous n'entendrons plus ces chants harmonieux, savans, et quelquefois sublimes, qui nous transportaient et qui jetaient sur notre pays une gloire que l'on peut toujours envier. M. Guernier a pris M. Chênedollé dans un moment de composition et lui a donné la vie qui manque aux portraits ordinaires. Il a mis beaucoup de soin dans l'exécution de son travail : la figure a une expression forte et inspirée ; le coloris est très-bon ; les accessoires sont convenablement choisis ; ils font bien connaître l'idée dominante et remplissent très-bien l'intention du peintre.

Vous voyez, Messieurs, sous le n.º 36, des dessins de coquilles sorties des mains mêmes de M. Deslonchamps, professeur d'histoire naturelle, dont les travaux honorent tant les sciences dans le Calvados. Ce n'est pas seulement des formes, des contours purs et gracieux que nous devons y remarquer, c'est encore ce qui rappelle la richesse, l'étendue, l'harmonie des œuvres de l'Être qui a tout créé. Que le langage du poëte, quelque ingénieux qu'il soit, est vide quand il essaie de faire admirer ces œuvres ! mais combien l'admiration devient forte et positive quand on suit pas à pas le naturaliste ; quand il vous initie à ses travaux ; quand il soulève devant vous le voile qui cache tant de nombreux et magnifiques rapports ! Le Psalmiste aurait posé sa cithare devant Newton , qui entendait bien autrement *le langage des cieux racontant la gloire de Dieu.* Voilà les fruits que l'on retire des leçons de notre savant professeur : que mille grâces lui soient rendues.

Un cadre, placé sous le n.° 29 , fait connaître le présent que M. Hubert-Desnoyers , graveur , né à Caen , a fait à l'Exposition. Les deux premières médailles qu'il renferme sont destinées à perpétuer la mémoire de deux hommes célèbres , Sicard , instituteur des sourds-muets , et Lafond-Ladebat. Les têtes en sont parfaites : c'est de l'antique. Le dessin en est d'une pureté et d'une vérité qu'on admire. L'auteur a eu l'heureuse idée d'indiquer le nom de Sicard par les signes de la main qui, parmi les sourds-muets , représentent les lettres de l'alphabet. Espérons que le burin , continuant de célébrer les sciences chez nous , signalera bientôt le don de la parole qu'un respectable successeur de Sicard , M. l'abbé Jamet, vient de faire à un jeune sourd-muet qui , en répondant de vive voix à nos questions , nous a jetés dans le ravissement. M. Hubert-Desnoyers a fait avec le même succès une autre médaille pour consacrer l'acte définitif qui a décidé l'exécution de l'entrepôt du Marais , à Paris. La tête du Roi occupe un des côtés ; la ressemblance est frappante , le caractère est fort beau , et c'est toujours véritablement de l'antique. Le revers présente les armes de la ville de Paris avec des attributs du commerce. Tout est bien composé et délicatement exécuté. Les autres médailles répondent de tout point aux précédentes. Au reste, M. Hubert-Desnoyers s'est placé depuis long-temps parmi les graveurs dont la France s'enorgueillit ; nous devons seulement le revendiquer, lui témoigner de nouveau toute notre estime et lui offrir de vifs remercîmens.

Le n.º 23 indique une carte générale de la Martinique, exécutée avec toute la richesse de l'art : c'est un magnifique présent que le Gouvernement a fait aux navigateurs. M. Duperré-Crestey, notre compatriote, était du nombre des habiles ingénieurs qui ont exécuté le travail long, pénible et précieux que cette carte exigeait, et qui étaient dirigés par M. Monnier. Félicitons M. Duperré-Crestey d'avoir contribué à ce travail, et de s'être rangé parmi les savans utiles qui honorent notre pays.

M. Delalande, capitaine d'état-major, doit être remercié pour le dessin d'un camp romain (n.º 254), qu'on voit à Escures, près Bayeux. Il appartenait à cet officier distingué de publier un travail qui ne peut être véritablement apprécié que par les hommes de guerre. Qu'il reçoive nos sincères remercîmens pour avoir contribué à compléter l'histoire de notre pays qui est devenu le sien.

M. Delalande père nous a donné, sous le n.º 253, des vers sur les Vaux-de-Vire, et un dessin-esquisse de la place du château de Vire. Ces productions sont précieuses pour notre histoire littéraire. Que l'auteur reçoive aussi nos remercîmens, et qu'il continue à célébrer, à son tour, notre pays qui ne peut plus lui être indifférent.

Vous avez été satisfaits, Messieurs, de la carte d'ensemble du canton d'Honfleur tirée des recueils du cadastre, et portant le n.° 71. On ne peut désirer une plus grande perfection dans l'indication de la figure du terrain, dans le tracé des rivières et des chemins, et dans les écritures ; c'est avec ce soin, avec cette habileté que seront faites toutes les cartes qui composeront le grand travail confié à M. Simon, ingénieur en chef du cadastre. Félicitons l'administration de lui avoir confié le beau monument cadastral dont nous jouirons entièrement dans peu d'années.

M. le Sueur-Merlin a bien voulu enrichir l'Exposition, sous le n.° 42, par des objets de topographie que votre Commission a remarqués avec le plus grand plaisir par la perfection qui y règne ; c'est un hommage précieux qu'il a fait aux sciences et aux arts : qu'il reçoive aussi nos remercîmens ; mais regrettons que d'autres productions du même savant n'aient pu être mises sous vos yeux.

On remarque à l'Exposition, sous le n.° 224, une gravure sur acier et des lithographies qui font honneur à M. Loisel. Ces objets indiquent chez l'auteur un talent qui sera extrêmement utile pour les ouvrages publiés par nos Sociétés savantes.

M. Boutilly a exposé, sous le n.° 58, des cachets et des cartes de visite. Le dessin des cachets est fort bon : il est d'ailleurs conforme aux règles suivies dans cette partie spéciale de l'art ; l'exécution en est très-soignée ; le travail du burin est très-pur. On a dû remarquer le *cachet armorié, dont l'écu est de sable, chargé de trois croix recroisées d'argent, placées deux et un.* Il a pour devise : *In hoc signo vinces.* C'est un bon modèle.

M. Boutilly se distingue aussi par ses cartes de visite, où les noms, quoique très-fins, suivant les lois actuelles de la mode, sont gravés avec beaucoup de goût et de pureté. Cet artiste mérite donc des remercîmens.

M. le Marchand a exposé aussi, sous le n.° 54, un cadre de bons cachets, parmi lesquels on a bien remarqué celui qui est ainsi désigné : *Armorié, alliance, deux lions rampans sur champ d'or et sur champ d'argent, deux Hercules pour support, casque en profil.* Les gravures de Mme le Marchand, exposées sous le même numéro, doivent être distinguées, sur-tout les armes de la ville de Caen ; le travail du burin y est ferme, bien entendu et soigné. M. et Mme le Marchand méritent la confiance du public et nos remercîmens.

M. Philippe a fait connaître, sous le n.° 164, par un très-bon dessin lithographié, le vaste et bel établissement du Bon-Sauveur, où l'infortune et les maladies trouvent des secours si puissans et si bien combinés. M. Philippe a donné de plus les trois Grâces normandes, qui indiquent très-bien les habitudes du corps et l'habillement des femmes de nos riches campagnes. Il paraît que ce dessin appartient à une description complète du Calvados en 1834. Nous allons attendre cet ouvrage, dont le succès vous flatterait beaucoup.

M. le Forestier de Bayeux a donné à l'Exposition, sous le n.° 228, les dessins de la nouvelle salle de spectacle de cette ville. On doit d'abord féliciter l'auteur de ce petit monument qui est d'une bonne architecture, et qu'on remarque avec plaisir au milieu de maisons, d'édifices de tout âge que l'art ou le goût réprouve. On doit ensuite en féliciter les souscripteurs, dont l'exemple sera donné quand le même cas reviendra , quand des dépenses n'intéresseront qu'une partie des habitans d'un pays et d'une ville.

Les études qu'on voit sous le n.° 301 , et qui ont été offertes par M. Lebe-Gigun , sont de bons, de véritables modèles qu'il faut suivre. Le chapiteau ionique sur-tout doit être remarqué ; le travail du burin y est pur , correct et gracieux.

Le dessin de la *Vénus-Victrix* , qu'on voit sous le n.° 275 , a été donné par M.me Chauvin , à laquelle nous devons des remercîmens pour avoir rappelé par son crayon facile un des plus beaux morceaux antiques et les immenses services rendus aux arts par M. Dumont-Durville qui a rapporté cette *Vénus* de ses voyages.

Nous devons des remercîmens semblables à M. Lambert pour son dessin de la chapelle de Formigny , mis sous le n.° 246 ; mais ce présent est un point au milieu de ceux que ce savant et infatigable antiquaire a faits à son pays. Nous en devons encore à M. Bosches pour son excellente vue du château d'Harcourt , mise sous le n.° 264.

Les tableaux de M. Fouqueur , qu'on voit sous le n.° 237; ceux de M. le Camus , sous le n.° 280 ; ceux de M. Vailly , sous le n.° 292 ; celui de M. Auvray , sous le n.° 332 ; ceux de M. Bourdon , sous le n.° 293 ; ceux de M. le Coulteux , sous le n.° 327 ; enfin les dessins de M. Guilbert, sous le n.° 329 , méritent à leur tour de vifs remercîmens. Ils ont contribué à orner l'Exposition et à faire connaître les progrès rapides que les arts font chez nous et le plaisir qu'on trouve à s'y livrer.

Nous ne devons point oublier M. Canon pour sa bonne copie du portrait du général Lasalle , mise sous le n.º 319. Il ne pouvait suivre un meilleur modèle (Gros), et on ne peut trouver plus de fidélité.

M. Deshayes a montré la hardiesse et le moelleux admirable de sa plume dans les dessins qu'il a donnés sous le n.º 313. Les amis de l'écriture ont bien remarqué ces productions.

Vous voudrez, Messieurs, adresser de vives félicitations à MM. le Cornu, Roger, Heusey, le Monnier, Simon, Barrois, pour les excellens dessins d'architecture qu'ils ont donnés sous les n.ºˢ 267, 268, 276, 277, 342, 343. Nous devions nous atttendre à ces fruits des leçons de l'école savante à laquelle ils appartiennent, et qui peu à peu délivre l'art des bisarreries que l'ignorance et le mauvais goût lui avaient imprimées chez nous. Le but que les administrateurs qui ont créé cette école s'étaient proposé, est atteint : qu'ils reçoivent aujourd'hui les témoignages de la reconnaissance publique !

M. Cortopassi, sculpteur à Caen, a exposé, sous le n.º 101, un Jupiter de grandeur naturelle, fait avec la pierre calcaire d'Allemagne. Il a paru à votre Commission, qui a examiné cette statue avec le plus grand soin, qu'elle avait un bon caractère, qu'elle était bien modelée, que l'anatomie y était bien observée, et que les draperies en étaient jetées avec art. C'est le seul objet que la statuaire ait mis à l'Exposition. Votre Commission a l'honneur de vous proposer d'adresser des remercîmens et des félicitations à M. Cortopassi.

L'art modeste qui a donné le cannevas en reprises du n.º 10, répare en secret des ouvrages de prix qui sans lui seraient rebutés : n'est-ce pas là un service signalé ? Que M.ᵐᵉ le Monnier, institutrice à Bayeux, et son intéressante élève M.ˡˡᵉ Rose Plaquet, reçoivent nos sincères complimens.

Nous terminerons ce rapport, Messieurs, par quelques observations sur des objets qui concernent la musique.

Grâce à la haute influence de la Société philharmonique, la musique a fait dans le département, des progrès remarquables depuis quelques années. La composition, l'enseignement, la lutherie, en un mot toutes les parties de l'art musical ont successivement reçu des encouragemens mérités et ont répondu avec empressement à l'appel qui leur était fait.

Dans le nombre des objets exposés, nous avons remarqué un album contenant douze romances de M. Bétourné, mises en musique par M. Théodore Labarre ; le chant d'Alger, par M. Casting ; le rêve d'amour par M. le Camus ; une mélodie par Mlle Schellimberg ; six romances par M. Rossy ; enfin, une ouverture à grand orchestre par le même. Ce dernier morceau sur-tout annonce un grand talent ; des chants heureux disposés avec art, des modulations habilement enchaînées, un rythme brillant et constamment suivi, donnent à cette composition un rang très-distingué.

Un de nos compatriotes dont la réputation est européenne, M. Choron, a fourni les principes de sa méthode de chant ; et M. Casting, un essai sur la musique.

M. Fromont, professeur de musique à Bayeux, a exposé, sous le n.° 127, un nouveau jeu appelé *mélodame*. Il a eu l'heureuse idée d'appliquer les procédés du jeu de dames à l'étude des intervalles musicaux. Chacune des cases du mélodame porte le nom d'une note de musique. Les mêmes noms se trouvent aussi sur les pions mobiles destinés à couvrir les cases. Ces pions, dans leurs marches successives, forment, avec la case qu'ils recouvrent, des intervalles consonnans ou dissonans , dont les combinaisons plus ou moins heureuses décident le gain ou la perte de la partie. Nous désirons vivement que le mélodame obtienne auprès des musiciens le succès qu'il mérite.

M. de Saint-Germain a fait connaître , sous le n.º 60 , un tableau appelé Synoptophone , et qui est destiné à faire connaître la composition de toutes les gammes, majeures et mineures. L'étude de ces gammes , ordinairement si pénible et si embarrasante pour les élèves , est , au moyen du synoptophone , d'une facilité remarquable. Mais , Messieurs , notre jugement devient facile à porter, quand nous apprenons que la Société philharmonique , appréciant les avantages du procédé de M. de Saint-Germain , l'a fait adopter dans toutes les écoles qu'elle a formées. Il ne nous reste qu'à féliciter et à remercier ce professeur, dont les talens et le zèle ont beaucoup contribué aux progrès remarquables que l'art de la musique a faits chez nous depuis plusieurs années.

Des violons présentés par M. Thibout ont paru réunir toutes les qualités qu'ils comportent. On pouvait les attendre de cet artiste , dont l'oncle a donné à l'art musical des instrumens qui rivalisent avec ceux d'Amati et et de Stradivarius.

M. Bellenger a exposé un piano qui , considéré comme un ouvrage d'ébénisterie , est parfaitement exécuté. Considéré comme instrument de musique , il répond très-bien à l'impulsion de l'exécutant ; il produit des sons fort agréables. On pense que la salle , qui est très-humide et où l'instrument a été déposé pendant quinze jours , lui a été défavorable , et qu'elle a empêché de l'apprécier rigoureusement. La Commission l'a examiné dans l'intérieur;

elle

elle a hasardé de faire quelques objections à M. Bellenger, par le désir de perfectionner la lutherie à Caen. Mais elle doit s'empresser de déclarer que les efforts heureux de cet artiste méritent les plus grands éloges et tous les encouragemens que la Société pourrait accorder aux arts.

Des cordes à boyau propres aux instrumens de musique, et présentées par M. Gauvin sous le n.º 96, doivent être vues avec intérêt. La grosseur et la composition en sont rigoureusement uniformes. Les cordes mises jusqu'ici dans le commerce avaient trop souvent des nœuds cachés qui changeaient les vibrations et donnaient des tons faux. Ces vices ne peuvent se trouver dans les cordes de M. Gauvin ; les procédés qu'il emploie les préviennent. La nouvelle branche d'industrie qu'il a créée chez nous mérite des éloges et de la reconnaissance, et vous désirerez qu'elle réussisse.

DISCOURS

De M. Donnet, Maire de la ville de Caen et Membre de la Société.

Messieurs,

Ce n'est pas seulement dans les arts libéraux que la France se distingue parmi les autres nations ; les arts industriels lui assignent un rang, qu'il est d'autant plus honorable pour elle d'occuper, qu'elle est depuis long-temps en butte aux rivalités étrangères et aux divisions intestines , si nuisibles à la prospérité des États. Toujours la sagesse de ses premiers magistrats , et le bon esprit de la majorité de ses habitans , secondé par le noble orgueil national , ont conservé chez nous cet élan généreux vers les améliorations en tout genre.

Un puissant véhicule au développement commercial est sans doute la facilité des communications : par-là les relations sociales se multiplient , les idées s'agrandissent et se propagent , l'homme industrieux trouve un débouché certain et prompt pour ses productions ; il sait qu'il n'est plus seul , que la concurrence va bientôt s'établir ; il cherche alors à mieux faire , afin de conserver et sa réputation et l'état florissant de ses affaires. Mais , Messieurs , comme M. le président de la Société d'agriculture et de commerce l'a fort bien développé , les expositions générales atteignent également ce grand but d'utilité ; elles enregistrent les progrès et les découvertes du génie ; elles sont autant de points de repère qui , en constatant les conquêtes, permettent de s'avancer encore , sans craindre de perdre le chemin qu'on a déjà parcouru ; chaque département , chaque ville apporte son tribut à la mère-patrie ; et les récompenses décernées par le jury ne sont pas seulement un aliment à l'amour-propre , elles entretiennent dans les familles de précieuses traditions , qui invitent les générations futures à ne pas laisser diminuer les illustrations de celles qui les ont précédées.

Nous devons donc des remercîmens au zèle éclairé qui s'empare de ce genre d'émulation pour augmenter les richesses du royaume. Mais si notre reconnaissance doit s'étendre au loin , elle trouve aussi l'occasion de s'exercer, à bien juste titre , dans la ville de Caen. N'est-ce pas , en effet, aux sacrifices et aux travaux assidus de la Société d'agriculture et de commerce que nous devons, en partie, les mentions honorables que le Calvados a reçues dans ces concours publics si brillans et si riches ? N'est-ce pas à cette Société et à M. Lair, son digne secrétaire, que nous devons encore cette cinquième Exposition ? La collection distinguée des produits qu'elle renferme, en attestant nos progrès, nous dit que nous possédons des hommes qui non-seulement, en beaucoup de circonstances, nous affranchissent du *monopole* de la capitale, mais encore donnent à notre ville le précieux avantage d'être à son tour le centre approvisionnel de l'ancienne province de la Basse-Normandie.

Honneur aux citoyens généreux qui savent si bien employer leurs loisirs ! Honneur au compatriote infatigable qui s'occupe sans cesse de la prospérité de son pays !... Je me trouve heureux en ce jour de pouvoir leur payer le tribut particulier de ma gratitude, et d'être, comme maire, le fidèle interprète de la reconnaissance publique.

DISCOURS

De M. **Target**, *Préfet du Calvados et Membre de la Société.*

Messieurs,

Ce fut une idée grande et féconde que celle qui donna naissance à ces fêtes de l'industrie nationale.

Elle est récente encore : une idée de ce genre ne

pouvait surgir , en effet , du sein de notre ancienne organisation sociale ; les mœurs , les habitudes , les institutions même la repoussaient ; la séparation des classes était trop profondément tracée pour qu'on cherchât alors à relever , par des honneurs publics , les hommes voués à des professions industrielles , et à leur donner une haute opinion de leurs utiles travaux..... Était-ce , d'ailleurs , lorsque les corporations fermaient aux uns la carrière pour la rendre plus profitable aux autres , lorsqu'elles posaient des bornes que ne pouvaient franchir ni le génie inventif , ni l'activité laborieuse , lorsqu'enfin elles semblaient instituées tout exprès pour exclure la concurrence et ses bienfaits , qu'on aurait pu songer à se faire un moyen de l'émulation , et à hâter le progrès en suscitant d'heureuses et morales rivalités ? À ces larges et politiques créations , Messieurs , il faut avant tout une *nation*... , l'air de la servitude leur est mortel ; elles ne peuvent naître et croître que dans l'atmosphère de la liberté.

Notre vieille société avait des encouragemens pour les lettres et les beaux arts , des battemens de mains et des caresses pour les hommes voués à leur culte , parce que les lettres et les beaux arts amusaient les ennuis et charmaient les loisirs de ceux pour qui cette société semblait être uniquement formée : quant à l'industrie , on croyait avoir tout fait pour elle , lorsqu'on en avait consommé les produits..... C'est seulement sous l'empire des principes plus généreux de notre société reconstituée , c'est seulement depuis la grande rénovation de 89 , qu'on s'est occupé des exigences morales comme des intérêts matériels de l'industrie ; qu'on s'est aperçu que quiconque contribue au développement de la prospérité publique ,

remplit son rôle de citoyen , et mérite bien du pays ;
qu'on a compris enfin que le commerçant, l'agriculteur,
l'artisan qui , par des découvertes utiles ou de simples
perfectionnemens , agrandissent la carrière et enrichis-
sent ainsi la patrie , ont droit à ses applaudissemens,
sont dignes de sa reconnaissance, comme le magistrat qui
veille à son repos , comme le soldat qui la défend.

Si j'avais à mettre en opposition les deux époques de
la société française , je croirais avoir résumé les différences qu'elles présentent ; je croirais les avoir suffisam-
ment caractérisées l'une et l'autre, en disant que , sous la
première , c'était *déroger* que consacrer ses jours au
travail ; que , sous la seconde , c'est par le travail que
l'homme *s'ennoblit*.

Aussi , Messieurs , quels pas immenses depuis quarante
ans ! En moins d'un demi-siècle , l'industrie a plus fait
pour le bien-être de la population , et , par conséquent ,
pour la puissance nationale , qu'il ne lui avait été donné
de faire en plusieurs siècles , avant qu'eussent été brisés
les liens qui enchaînaient ses forces intelligentes et maté-
rielles. ... Et encore , dans ces quarante années , combien
d'obstacles à ses progrès ! Comprimée d'abord par la
terreur révolutionnaire ; languissante sous le faible Direc-
toire , en tout ce qui n'était pas agiotage et lucre de
traitans ; encouragée , honorée , il est vrai , par le chef
de l'Empire , mais arrêtée dans son élan par les néces-
sités de la conquête et par les misères d'une gloire toujours pesante pour les peuples , dont elle n'enrichit jamais
que les annales..... l'industrie n'a réellement pris son
essor qu'à l'ombre tutélaire de la monarchie constitu-
tionnelle ; et , néanmoins , bien que paralysée par les

attentats du pouvoir en 1830, voyez les miracles produits par elle en quinze années ! Voyez sa prodigieuse fécondité, suffisant à la réparation des maux de la guerre et des révolutions, créant des ressources égales aux exigences du présent et du passé, rouvrant les canaux de la richesse publique, et faisant circuler l'abondance et la vie au sein de cette noble France, que n'ont pu épuiser ni le despotisme guerrier de l'Empire, ni deux invasions dévorantes, ni les convulsions intestines !.....

Messieurs, le Calvados ne pouvait rester en arrière dans ce mouvement réparateur : nous en avions pour garans les travaux utiles, les découvertes précieuses dues à plusieurs de ses glorieux enfans, et que rappellent les nombreuses inscriptions qui décorent cette enceinte...... Nous en avions pour garans les hommes que, dans tous les temps, il a fournis aux lettres, à la science et aux arts, et dont les images nous entourent.... Là, le poète qui fixa la langue française ; là, Vauquelin ; ici, l'auteur de la *Mécanique céleste*, déjà placé par le monde savant entre Newton et Lalande. Et, au-dessous de ces grands noms, de ces hautes gloires qui appartiennent à la patrie, vos regards rencontrent une foule d'autres noms qui, moins éclatans, éveillent toutefois dans vos esprits une pensée de reconnaissance. Vous me permettrez, Messieurs, de choisir comme exemple et de signaler à votre souvenir, sans le prononcer, celui de l'agronome qui, le premier, introduisit une nouvelle culture, source abondante de richesses. Heureux qui peut revendiquer l'honneur de semblables conquêtes, plus pures et plus durables que celles obtenues par les armes ! elles ne provoquent pas du moins les pleurs des épouses et des mères !.....

L'Exposition de 1834 ne le cède en rien à celles qui l'ont précédée : vous êtes témoins, Messieurs, que le zèle ne s'est point ralenti. Grâces en soient rendues, et aux soins assidus de la Société d'agriculture, et aux efforts constans de son honorable secrétaire, et à l'empressement de MM. les fabricans, prompts à répondre à l'appel qui leur était fait.—Nos manufactures de draps de Lisieux et de Vire, nos filatures de Falaise et de Condé, qui occupent tant de mains, oisives sans elles, nos fabriques de dentelles, dont la réputation est européenne, celle de porcelaine, dont les produits acquièrent un haut degré d'estime dans le commerce, la mécanique, à laquelle les arts sont si redevables, la carrosserie, qui a pris à Caen et à Bayeux une extension pleine d'espérances, l'ébénisterie, l'art de l'horloger et celui du tourneur, ont fourni leur contingent dans cette collection précieuse, qui nous permet d'assigner un rang distingué à notre industrie départementale : tout ce qui est utile a dû être accueilli avec faveur, car tout ce qui est utile est digne d'être encouragé ; et les beaux arts, vous le voyez, n'ont pas dédaigné de prêter leurs charmes à l'ensemble sévère des productions de nos usines ; il y a de l'écho dans le Calvados, pour toutes les idées généreuses et philanthropiques.....

Les portes de cette salle seront à peine fermées, que s'ouvriront, dans la capitale, celles du temple où nos richesses industrielles vont être étalées aux yeux de l'Europe qui nous les envie. Là, Messieurs, la place assignée au Calvados est déjà dignement remplie : là, les productions de nos manufactures arrêteront de nouveau les regards du prince qui, naguères, dans vos murs, interrogeait tous les besoins, encourageait tous les efforts ; leur vue le replacera pour un moment au milieu d'une population laborieuse, intelligente, amie de l'ordre, qui se pressait sur ses pas, et dont il ne s'éloigna qu'avec regret......

Messieurs, je me reproche d'avoir retardé la scène principale de cette solennité : qu'il me soit cependant permis d'exprimer, avec une profonde conviction, une pensée que ne contesteront assurément pas des hommes qui savent honorer leur vie, qui savent assurer l'avenir de leur famille par le travail : c'est que la prospérité de l'industrie se trouve liée aux intérêts politiques de l'État ; c'est que, comme nos libres institutions, dont elle suivra la fortune, l'industrie, pour se développer, a besoin de paix, et veut de la puissance dans les lois ; le bruit des armes l'épouvante, et les discordes civiles la tuent. Soyons unis, Messieurs, elle sera prodigue pour nous de ses trésors. Ce vœu de paix et d'union, où le mieux faire entendre que dans un temple dédié au travail ?....

NOMS

DES PERSONNES AUXQUELLES LA SOCIÉTÉ A DÉCERNÉ DES MÉDAILLES.

Médailles d'argent.

MM.

Daniou, fabricant d'huiles à Caen.

Juhel-Desmares, fabricant de draps à Vire.

Fournet-Brochaye, fabricant de draps à Lisieux.

Gautier-Lamare, fabricant de bonneterie à Guibray.

Vattier (Victor), fabricant de bonneterie à Caen.

Jouenne-Duval, fabricant de bonneterie à Caen.

Le Feuvre, fabricant de dentelles à Bayeux.

Lébaudy-Beauguillot, fabricant de tulles brodés à Caen.

De Savignac, fabricant de blondes à Caen.

Le Fèvre, fabricant de blondes à Caen.

Le Blond et Lanoe, fabricant de tulles à Caen.

Tillard, fabricant d'huiles à Caen.

Debergues-Desfaiches et compagnie, fabricans de frocs à
  Lisieux.

Braunier, ébéniste à Caen.

Hubert-Blondel, menuisier-ébéniste à Caen.

Médailles de bronze.

Eudes, épurateur d'huiles à Caen.

Guérin, cultivateur du mûrier à Honfleur.

J. B. Bonnaire et compagnie, raffineurs de sucre à Caen.

Vattier aîné, fabricant de couvertures, thibaudes, etc.
  à Lisieux.

Reverdy, fabricant de chapellerie à Caen.

Dauge et Jeuch, fabricans de retors à Croissanville.

Le Fournier-Lamotte, fabricant de cotonnade à Condé-
  sur-Noireau.

Marie, fabricant de tissus à Caen.

Manoury frères, fabricans de bonneterie à Caen.

Potel, fabricant de bonneterie à Caen.

Sorel, fabricant de schalls angora à Caen.

Bouet fils, teinturier à Caen.

Rivière, fabricant de canevas à Magny-la-Campagne.

Moisson, filateur à Caen, et le Comte-Paysant, filateur
  à Condé-sur-Noireau.

Isabelle, ébéniste à Caen.

Le Melois , fabricant de voitures à Caen.

Le Pontois , fabricant de pompes à Caen.

Le Couvreur fils , fabricant de pompes à Caen.

Le Danois , relieur à Caen.

Cauville , fabricant de registres à Caen.

Bellenger fils , luthier à Caen.

Mme veuve Langlois , fabricante de porcelaine ; M. le Flaguais aîné , marchand de papiers peints ; M. Verdant , forgeron ; M. Maréchal , sellier , et M. Yver fils , fabricant de plomb , ayant obtenu des médailles dans les Expositions précédentes , ont encore eu l'honneur du rappel dans cette cinquième Exposition.

NOMS

Des personnes qui, dans le Calvados , ont obtenu des médailles pour des actions généreuses et des traits de dévoûment (*).

Le capitaine Aubert , de Courseulles , commandant *le Jean-Baptiste* de Caen , pour avoir sauvé l'équipage du brick américain *le Lydia* , composé de trente-sept personnes.

(*) La Société ne croit pas devoir se borner à encourager les hommes utiles à leur pays par leur industrie et leurs talens ; elle se plaît à accueillir tout ce qui se fait de beau et de bon dans le département ; et elle pense que l'on ne trouvera point déplacés ici les noms honorables de ceux qui , dans le Calvados, ont obtenu depuis quelque temps des médailles pour des actions généreuses et des traits de dévoûment.

Palfresne, maître d'équipage à bord du *Jean-Baptiste*, pour son dévoûment à sauver, avec le capitaine Aubert les naufragés du *Lydia*.

Deuve, pêcheur à Villerville, pour avoir sauvé la vie à deux hommes prêts à périr dans la mer.

Tourain, commandant le paquebot *le Triton*, à Honfleur, pour avoir retiré un jeune homme tombé à la mer.

Marion, marin à Grandcamp, pour avoir sauvé un homme qui se noyait dans la Seine. Il en a sauvé deux autres dans une autre occasion.

Girard, lieutenant des douanes à Langrune, pour avoir sauvé un marin appartenant à un navire qui se perdait sur la côte.

Le Blond, sous-brigadier, pour avoir sauvé la vie à deux marins du navire *le Higt*, échoué à la pointe de Houlgate.

Les sapeurs-pompiers d'Honfleur, une médaille en or, pour la belle conduite qu'ils ont tenue pendant l'incendie de la raffinerie de sucre de M. Morin.

M. le président annonce que la Société a voté une sixième Exposition pour 1839. Il engage les fabricans et les artistes à y apporter les produits de leur industrie et de leurs talens, leur faisant observer qu'ils auront cette fois tout le temps nécessaire pour se préparer au concours.

NOMS

Par ordre alphabétique des personnes qui ont présenté des objets à l'Exposition, avec l'indication du numéro du Catalogue où ces objets sont mentionnés.

MM.

ABADIE, 122 ; Allain, 356 ; Ameline, 66 ; Aozanne, 182 ; Aubry, 183 ; Auvray, 332 ; anonymes, 49, 173, 243, 302, 309, 323, 324, 325, 355 ; Bacot, 81 ; Barbou, 221 ; Barbulée, 347 ; Barois, 343 ; Baudry, 130 ; Bayeux, 339 ; Bazin, 37 ; Beaunier, 56 ; Beaulieu (maison centrale), 11 ; Bellamy, 14 ; Bellenger fils, 180 ; Bellisseut, 67 ; Bertrand, 318 ; Berthe, 273 ; Berthelot, 97 ; Bétourné, 170 ; Beuron, 38 ; Billienst, 233 ; Blondel - Hubert, 184 ; Blondel, de Lisieux, 208 ; Boille (MM.^{lles}), 353 ; Bonnaire, 19 ; Bonnard, 274 ; Bonnel, 24 ; Bordeaux - Fournet, 202 ; Boscher, 264 ; Bouet, 368 ; Bougy fils, 3 ; Boullet, 200 ; Bourdon, 293 ; Boutilly, 58 ; Boutrais, 103 ; Bréard-Longpré, 17 ; Bréard, 18 ; Brunel (Léon), 315 ; Brunet, 317 ; Dubour, 63 ; Banel, 232 ; Canon, 319 ; Carpentier, fleuriste, 143 ; Castaing, 286 ; Cauville, 8 ; Chalopin (Mme), 109 ; Chauvin, 125 ; Chauvin (Mme), 275 ; Chevalier, 107 ; Chiny, 341 ; Chollet-Martin,

230 ; Vautier (Victor), 53 ; Vautier (Léon), 73 ; Vautier, place Malherbe, 344; Verdant , 73; Verrolles , 176; Villiard dit Chambéri , 90 ; Vimont , 153 ; Vincent , 34 ; Weil , 98 ; Yver fils , 92.

Noms des personnes dont les noms ne sont pas sur le Catalogue.

MM.

Blouet ; Mlle Chennevière ; Colignon ; Garat ; Huet-Cabourg ; le Cavelier (Pierre) ; le Lièvre ; Mme Quetel ; Renier.

INSCRIPTIONS

Placées dans les différentes salles de l'Exposition.

GRANDE GALERIE.

Hommage rendu aux arts par la Société d'agriculture et de commerce de Caen.

Au rétablissement de l'école de médecine de Caen ; elle a produit POSTEL , DALÉCHAMPS , MALOUIN , CALLARD , ROBERT, VICQ-D'AZIR , THOURET , LEPECQ DE LA CLÔTURE , et beaucoup d'autres célèbres médecins.

Au rétablissement du chef-lieu de la 14.e Division militaire dans la ville de Caen.

Projet de la navigation de l'Orne :

Conçu en 1530 par FRANÇOIS Ier ;

Renouvelé { en 1679 par VAUBAN ; { en 1740 par DELALONDE-BOUROULE ;

Rappelé en 1818 par MM. PATRU et LANGE.

A la navigation supérieure et au barrage tant de fois projeté de l'Orne.

A

A l'extinction de la mendicité dans le Calvados.

A la création des caisses d'épargnes dans le Calvados.

A la prospérité de l'Association normande et des Associations de charité.

A l'établissement de salles d'asile dans le Calvados.

A la liberté de la pêche du hareng.

Au succès des puits artésiens dans le Calvados.

A l'établissement de comices agricoles dans tous les cantons du Calvados, à l'exemple de celui d'Harcourt.

A l'établissement de fabriques de sucre de betteraves dans le Calvados.

A l'établissement de fontaines publiques à Caen.

A l'établissement de halles aux grains et aux toiles à Caen.

A l'établissement d'une salle de spectacle à Caen.

SALLE DES ILLUSTRES,

Destinée à rappeler le souvenir des hommes qui ont honoré le Calvados.

Buste de MALHERBE.—Portrait de MALHERBE ; tête d'étude du tableau en pied qui est au Musée de peinture de la ville de Caen.

INSCRIPTION : *A l'érection d'une statue à MALHERBE dans sa ville natale ! !* (1)

Éloge de MALHERBE par différens auteurs.

Portrait de SEGRAIS, né à Caen.—Inscriptions en son

___

(1) Depuis long-temps nous avons manifesté ce désir ; nous l'exprimons aujourd'hui avec une nouvelle instance, au moment où Corneille va recevoir cet honneur dans sa ville natale. Au mois de juin prochain, une belle statue en bronze, consacrée à l'auteur du Cid, ornera le pont de Rouen et s'élèvera dans le lieu le plus apparent de cette cité.

honneur.—*Fac-simile* tiré d'une correspondance encore manuscrite de HUET avec les hommes illustres de son temps : ce *fac-simile*, donné par M. Léchaudé-d'Anisy, contient une note de SEGRAIS en réponse à une question que lui avait adressée l'évêque d'Avranches.

Médaillon consacré à MALFILATRE, né à Caen.—Cadre renfermant des vers extraits du poëme de NARCISSE dans l'île de Vénus. — Une élégie de M. LE FLAGUAIS, *Malfilâtre mourant.*—Deux vers de GILBERT :

    » La faim mit au tombeau MALFILATRE ignoré ;
    » S'il n'eût été qu'un sot, il aurait prospéré. »

Inscription en l'honneur d'OLIVIER BASSELIN, créateur du Vaudeville, né à Vire vers le milieu du 14.ᵉ siècle, et mort en 1418.—Plusieurs passages des *Vaux-de-Vire*, publiés par une société d'hommes zélés pour la gloire littéraire de leur pays, MM. ASSELIN, DUBOIS, TRAVERS, etc.

Portrait de M. DE CHÊNEDOLLÉ par M. GUERNIER, peintre, à Vire, avec cette inscription : *A* DE CHÊNEDOLLÉ, *né à Vire en 1769, et mort à Burcy en 1833.*—Plusieurs pièces de vers tirées des ouvrages de M. DE CHÊNEDOLLÉ : *Eloge de la Neustrie.—Le Val-de-Vire.—Des charmes de la patrie.—L'Amitié et l'Hymen.*

Médaillon renfermant le nom de CASTEL, auteur du poëme des plantes, né à Vire en 1758.

Portrait de M. DELARIVIÈRE, secrétaire de l'académie des sciences, arts et belles-lettres de la ville de Caen, qui a rempli pendant plusieurs années cette fonction avec une grande distinction.

Un médaillon à Robert MACÉ, né à Caen, qui a introduit l'art typographique en Normandie vers 1460.

DEUX INSCRIPTIONS : *Aux arts utiles et aux arts agréables !*

= *Aux fondateurs de la Société philharmonique de Caen !*
— Portrait de M. AUBER , né à Caen. INSCRIPTION : *A l'auteur
de* LA MUETTE DE PORTICI, *de* FRA-DIAVOLO , *de* LA FIANCÉE , etc.

Un médaillon en l'honneur du sieur DE BAAS , dont
quelques amis de leur pays viennent de donner une nouvelle édition.

INSCRIPTION consacrée à SALOMON DE CAUS , né en Normandie , qui le premier , en 1615 , a connu la force
élastique de la vapeur aqueuse.

Façade de la maison de LAPLACE , destinée à une école
primaire. Deux INSCRIPTIONS sont placées sur cette maison ;
*La commune de Beaumont et le département du Cal-
vados à la mémoire de* LAPLACE , *né à Beaumont le 22
mars 1749 , mort à Paris le 5 mars 1827.*

« Sous un modeste toit ici naquit LAPLACE ,
» Lui qui sut de Newton agrandir le compas ;
» Et , s'ouvrant un sillon dans les champs de l'espace ,
» Y fit encore un nouveau pas. »   (DE CHÊNEDOLLÉ)

AUTRE INSCRIPTION : *A l'auteur de la mécanique céleste*, etc.
INSCRIPTION : *A* VAUQUELIN , *né le* 16 *Mai* 1763 , *à Hé-
bertot , près Pont-l'Evêque , mort le* 14 *novembre* 1829.

Portrait de M. DUMONT-DURVILLE , avec cette inscription :
Au capitaine DURVILLE , *né à Condé-sur-Noireau : Au
commandant de l'Astrolabe , qui a fait deux fois le tour
du monde !* — Plan des îles Vanikoro , reconnues par M.
Durville en 1828. — *Saumon* servant de lest et provenant du naufrage de Lapeyrouse , rapporté en France par
M. Durville , et donné par le Gouvernement à la ville de
Caen. — Dessin par M.me Chauvin de la *Vénus-Victrix* , découverte dans l'île de Milo en février 1810. La France en
est redevable à M. Durville.

Une lithographie représentant le capitaine AUBERT, commandant le navire *le Jean-Baptiste* de Caen, qui sauva l'équipage du brick américain *le Lydia*. —INSCRIPTION : *Au capitaine* AUBERT, *de Courseulles, qui a sauvé la vie à trente-sept naufragés de l'équipage du* Lydia !

Un médaillon consacré à Michel LASNE, avec deux gravures tirées de l'œuvre de cet artiste, né à Caen.

INSCRIPTION en l'honneur de GAUGAIN, originaire de Caen : quatre gravures, représentant : le départ et le retour du *Petit-Matelot ;* la dernière entrevue du roi CHARLES I.er et de ses enfans ; MARIE, reine d'Ecosse, recevant sa sentence de mort.

Un portrait de femme par TOURNIÈRES, peintre, né à Caen en 1676, mort en 1752.

Deux tableaux de fleurs par FONTENAY, né à Caen en 1654, et mort en 1715.

Un médaillon avec cette inscription : *A* FLEURIAU, *professeur à l'école de dessin de Caen, hommage de ses nombreux élèves !*

INSCRIPTION en l'honneur de NOURY, peintre, né à Carpiquet, près Caen, en 1747, et mort dans cette ville en 1832. Quatre tableaux : l'artiste peint par lui-même. —La musique, tableau allégorique. —Intérieur d'après nature, effet de jour. —Descente du Saint-Esprit (esquisse).

Médaillon consacré à Robert LE FÈVRE, peintre, né près Bayeux en 1756, mort à Paris le 3 octobre 1830.

Cette salle renferme plusieurs autres médaillons et inscriptions en l'honneur des grands-hommes nés dans le Calvados. La liste en serait trop longue à énumérer : elle a été insérée par extrait dans le catalogue de la 4.e Exposition.

SALLE DES MONUMENS.

Plan d'une partie des thermes romains découverts à Bayeux en 1760, dans l'ancien cimetière de Saint-Laurent, et recherchés en 1821 par M. Surville.

Camp romain d'Escures, près Bayeux, par M. DELALANDE, capitaine d'état-major.

Pierres tumulaires d'Urville.—Deux lithographies par GUESNON, imprimeur à Falaise.

Portraits, par M. ELOUIS, du duc GUILLAUME et de la reine MATHILDE, qui ont fait construire les deux abbayes aux Hommes et aux Dames de Caen. INSCRIPTION : *A GUILLAUME-LE-CONQUÉRANT*, *né à Falaise en* 1027, *mort à Rouen le* 10 *septembre* 1087.

Lithographies pour servir au Mémoire de M. Spenser-Smith sur une cassette orientale que l'on voit à Bayeux, et qui sert à conserver les vêtemens sacerdotaux de saint Exupère, évêque de ce diocèse dans le sixième siècle : cinq gravures.

Vue de la chapelle de Formigny, dessinée par M. LAMBERT, auteur d'un Mémoire historique sur la *bataille de Formigny*, livrée le 14 avril 1450, et qui eut pour résultat de faire rendre au roi CHARLES VII la Normandie.

Plusieurs lithographies représentant des châteaux et des monastères d'Espagne, d'après M. LANGLOIS, né à Beaumont (Calvados), et auteur des panoramas de Navarin et d'Alger.

Vue de la place et du château de Vire par M. DELALANDE père, né à Beaumont-en-Auge.

Lithographies représentant le château de Saint-Germain-Langot et la porte d'entrée de la cour du château d'Outre-laize, par M. le marquis d'OILLIAMSON.— Château de Lou-vagny, par M. VAUQUELIN DE SACY ; etc., etc. Ces lithographies font partie de la statistique de Falaise par M. GALERON.

Plan du temple des protestans de Caen, construit au Bourg-l'Abbé en 1611 et détruit en 1685.

Deux vues du pont du Vey construit par M. PATRU en 1822.

Plan de l'ancien Hôtel-Dieu de Caen.

Plan de Caen et de son territoire, levé par DESPRÉS, complété par MOREL et publié par MANCEL.

Vue des casernes de Caen, que l'on achève en ce moment aux frais de la ville et du Gouvernement.

Vue du pont de Vaucelles, à Caen, construit par M. PATRU en 1827.

Plan du quartier appelé *Singer*, du nom de l'homme estimable qui l'a formé, et auquel la ville de Caen doit une grande reconnaissance.

Projet d'une salle de spectacle pour la ville de Caen, présenté en 1788 par GILLET, architecte : quatre dessins contenant les détails de ce projet.

Projet de salle de spectacle.—Elévation.—Projet de tribunal de paix par M. WEIL.

Plans du rez-de-chaussée et de la façade de la salle de spectacle de Bayeux, par M. LEFORESTIER. L'inauguration de cette salle a eu lieu le 2 novembre 1830.

Deux plans de la maison du Bon-Sauveur, à Caen, lithographiés par M. PUHAPPE, né dans cette ville.

Plan d'un monument en l'honneur de MALHERBE, par Paul VEROLLES.

INSCRIPTION : *A la mémoire des généraux* DECAEN, LORGE *et* LEVASSEUR, *nés à Caen !*

Portrait de DESACRES avec cette inscription : *A la mé-*

moire de D*esacres*, *peintre*, *né à Caen*, *et mort en
cette ville à la fleur de son âge !*

Portrait de F*oucault*, ancien intendant de la géné-
ralité de Caen, né en 1641 et mort le 7 février 1721,
avec cette inscription : *A l'administrateur dont la mémoire sera toujours chère au pays confié à ses soins !*

****

L*a* Société d'Agriculture et de Commerce de Caen a
tenu, le 16 mai 1834, une séance dont le procès-verbal
contient ce qui suit :

« L'Exposition des produits des arts de notre département
a été un grand sujet de satisfaction pour la Société. Elle
a constaté l'état florissant de notre industrie ; elle a pu désigner les personnes qui ont acquis des droits à la considération publique pour les services qu'elles ont rendus à
leur pays en contribuant à l'accroissement de la richesse
générale : mais elle doit, en terminant la grande tâche
qu'elle s'est imposée, se rendre encore l'organe du pays
en adressant des remercîmens,

» A M. T*arget*, préfet du Calvados, et à M. D*onnet*,
maire de Caen, pour le don qu'ils nous ont fait des médailles décernées aux fabricans qui ont paru les plus dignes
de cette distinction. M. Target a voulu, dans cette circonstance, contribuer à la fête de l'industrie. La prospérité
du Calvados est l'objet constant des veilles de cet administrateur.

» M. Donnet comble les espérances de ses concitoyens qui lui ont confié à juste titre leurs plus chers intérêts. S'il ne laisse échapper aucune occasion de faire le bien , que la Société n'en laisse échapper aucune pour lui prouver sa reconnaissance !

» La Société doit aussi acquitter sa dette envers celui qui a été le promoteur des cinq expositions qui ont eu lieu dans le Calvados, envers l'ami éclairé des arts , envers son secrétaire , M. LAIR , dont tous les momens sont marqués par des services et des bienfaits. Qu'il reçoive aussi nos remercîmens et de nouveaux témoignagnes de notre estime !

» L'Assemblée arrête à l'unanimité que l'extrait de cette séance sera imprimé, et que des remercîmens seront adressés à MM. Target, Donnet et Lair , comme un témoignage public de sa reconnaissance. »

Pour copie , conforme aux registres des séances de la Société ,

R.-L. PRUDHOMME , *Vice-secrétaire.*

TABLEAU DES CINQ EXPOSITIONS PUBLIQUES

Des produits des arts du Calvados, qui ont eu lieu à Caen, sous les auspices de la Société.

	ANNÉES.	OUVERTURE de l'exposition.	CLÔTURE.	PRÉSIDENS.	RAPPORTEURS DU JURY formé dans le sein de la Société.
1	1803	16 avril.	25 avril.	MM. Caffarelli.	MM. Prudhomme, Lescaille, Thierry père, Saffrey et Nourry ; rapporteur-général , M. Lair.
2	1806	15 avril.	25 avril.	Alexandre.	MM. Saffrey , Thierry , Nicolas , Prudhomme et Ducheval ; rapporteur-général , M. Lair.
3	1811	23 mai.	26 mai.	De Logivière.	
4	1819	25 avril.	7 mai.	De Vendeuvre.	MM. Lange , Ducheval et Pattu.
5	1834	13 avril.	29 avril.	Hébert.	MM. de Magneville , Joyau et Pattu.

Nota. Les Rapports sur la 1re et la 2e Exposition sont insérés dans le 2.e volume des Mémoires de la Société Le Rapport sur la 4.e Exposition se trouve dans le 3.e volume ; et le 4.e contiendra les rapports sur la 3.e et la 5.e Exposition.

Pendant le temps qu'a duré l'Exposition , on a pu
visiter les différens musées et collections dont l'indication
est jointe ici : 1.° le cabinet d'histoire naturelle de M. le
Comte, rue Basse-Saint-Gilles , n.° 48 , depuis midi jusqu'à
quatre heures , excepté le dimanche ; 2.° le musée anato-
mique de M. Ameline , professeur à l'école secondaire de
médecine de Caen , les mardi , jeudi et samedi , depuis
midi jusqu'à deux heures , à l'hôtel du *Pavillon* ; 3.° dans
le même hôtel , le cabinet formé par la Société des Antiquaires de Normandie , qui a été ouvert tous les jours ;
4.° le musée de la ville , tous les jours , ainsi que le jardin
des plantes ; 5.° le cabinet d'histoire naturelle de la ville ,
tous les jours , depuis midi jusqu'à trois heures ; 6.° la
bibliothèque publique , ouverte tous les jours , depuis
dix heures jusqu'à trois. Les étrangers , en visitant ces
collections particulières ou publiques , ont pu juger de tout
ce qui a été fait depuis quelques années dans la ville de
Caen pour l'instruction d'une nombreuse jeunesse attirée
par le désir de se perfectionner dans l'étude des sciences
et des arts.

9 782329 213835